玩出**好情緒**、**集中力**！

0~2歲的

寶寶遊戲圖鑑

監修
波多野名奈

繪者
モチコ

譯者
安珀

致拿起本書閱讀的您

與寶寶兩個人一起共度的午後時光。怎麼度過比較好呢？
和寶寶玩些什麼好呢？是否覺得不知該如何是好？

情緒不佳、從早上就一直哭的寶寶，要怎麼樣才能讓他破
涕為笑？想到這裡是否也變得好想哭呢？

本書正是為這樣的新手媽媽、新手爸爸編寫的加油書。

書中沒有刊載神奇的遊戲，也沒有鮮為人知的罕見遊戲。

不過，「這樣子也可以變成遊戲啊！」這類的發現卻處處
可見。不要太過逞強，認為「非跟寶寶玩遊戲不可」。我
的目標是編寫出這樣的一本書。

這本書中所提出的想法是「改變觀點」。在每天不經意的
照顧工作中，或不經意的散步時，如果也能從中發現「快
樂的嫩芽」，那就是很棒的遊戲。不勉強去做什麼特別的
事也沒關係。

對寶寶來說，並非因為是特別的遊戲所以覺得開心。是因
為媽媽和爸爸以快樂的心情發送出「好開心唷」、「開心
吧」這樣的訊息，寶寶也才覺得開心。換句話說，也就演

變成遊戲的內容是什麼都可以。

雖說如此，但是把大人的快樂強加在寶寶身上的話，終究還是跟對寶寶置之不理沒兩樣。寶寶的認知能力、身體能力、心理機能，與大人相當不同。請充分了解這個特性，試著享受與寶寶共處的時光。

說著「很想做這本書！」的企劃編輯，還有為我繪製溫馨療癒插圖的插畫家，都是正處於照顧稚子時期的育兒媽媽。我自己也以懷念的心情稍微回憶起往事，執筆為文。

期許這本書能幫助大家度過快樂又燦爛的育兒生活。

波多野　名奈

0 歲

轉頭

INDEX

滾動 滾動 滾動…

扣囉 扣囉

發育的跡象

20～30cm的距離內可以看見東西

為了留意孩子這個時期的成長，標示出具有代表性的特徵。

1歲

2 歳

>>>

INDEX

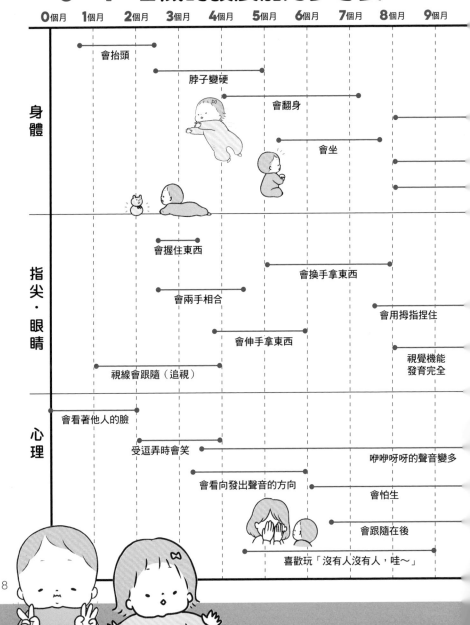

⋙ **0、1、2**歲的發展能力參考表

| | 0個月 | 1個月 | 2個月 | 3個月 | 4個月 | 5個月 | 6個月 | 7個月 | 8個月 | 9個月 |

身體

會抬頭

脖子變硬

會翻身

會坐

指尖・眼睛

會握住東西

會換手拿東西

會兩手相合

會用拇指捏住

會伸手拿東西

視覺機能發育完全

視線會跟隨（追視）

心理

會看著他人的臉

受逗弄時會笑

咿咿呀呀的聲音變多

會看向發出聲音的方向

會怕生

會跟隨在後

喜歡玩「沒有人沒有人，哇～」

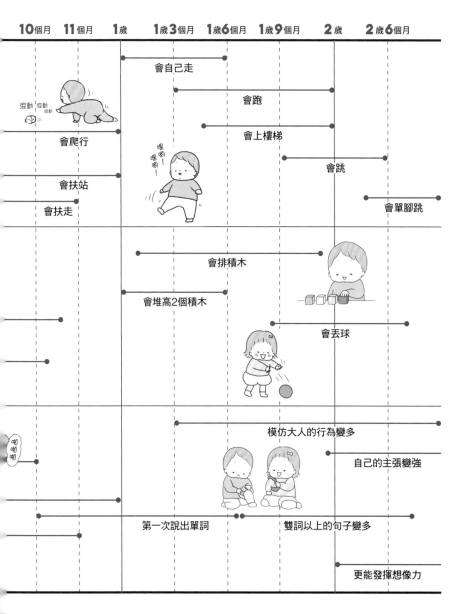

| 10個月 | 11個月 | 1歲 | 1歲3個月 | 1歲6個月 | 1歲9個月 | 2歲 | 2歲6個月 |

會自己走

會跑

會上樓梯

會爬行

會跳

會扶站

會單腳跳

會扶走

嗚嗚嗚！

會排積木

會堆高2個積木

會丟球

模仿大人的行為變多

自己的主張變強

第一次說出單詞

雙詞以上的句子變多

更能發揮想像力

9

在和孩子一起玩遊戲之前
希望大人能先了解的心理準備

大人放鬆心情樂在其中很重要

與孩子一起玩的時候，最重要的就是大人要放鬆心情。不是一切都要配合孩子，不妨嘗試將自己本身有興趣的事納入遊戲之中。喜歡音樂的話，就和孩子一起欣賞音樂。喜歡畫圖的話，可以試著坐在一起畫圖；喜歡料理的話，可以試著與孩子一起

進行他做得到的簡單步驟也不錯。爸爸和媽媽能樂在其中的事，對孩子來說也會變成很有趣的遊戲。但也並不是做什麼都可以，請注意接下來要介紹的重點，與孩子一起開心地玩樂吧。

避開刺激強烈的東西
舒服輕鬆地玩樂

孩子很怕強烈的刺激。請避開音量很大的音樂、太快的節奏、閃爍的光線，或太過刺鼻的香氣。也許有很多大人是手機或個人電腦片刻不離手，但是不停變動的畫面或影片，對孩子的刺激太過強烈。如果大人看手機或電腦只是為了消遣時間，就先不要再看了。

不要追求成果
而是一起同樂

對於孩子來說，與爸爸媽媽一起做某件事的過程才是快樂的泉源。可以完成什麼樣的作品，或是做不到什麼樣的事之類的，不要去追求這種成果或評論高下。遊戲不是訓練或讀書，「為什麼做不到呢？」、「雖然年紀還小卻做得到這種事真是太厲害了！」比起這些想法，「與孩子一起同樂」最為重要。

不想玩的時候
不要太逞強

對於剛出生的小寶寶來說，並不是因為「遊戲」所以感到開心。而是因為看到爸爸媽媽等最喜歡的人的臉孔，聽到他們的聲音，被他們抱在懷裡、輕輕拍撫，被他們重視，所以感到開心。因此，不需要逞強地認為「非跟孩子玩遊戲不可」。與小寶寶愉快地互動就是最棒的遊戲了。

不要插手
在旁守護也很重要

孩子漸漸長大之後，有時候會把心思全放在「遊戲」這件事上，專注在自己的世界裡。因為孩子想要試試自己的能力，想利用想像力建構世界，或是想弄清楚有疑問的事情。這個時候，請大人稍微退開一步，在旁守護孩子吧。在孩子發出求救信號時可以立刻回應，像這樣保持適當的距離感。

打造一個讓孩子
感興趣的環境

在旁守護很重要，但不是只在旁邊看著就夠
了。準備一個讓孩子覺得「好像很有趣」、
「想要摸摸看」這樣能引起他興趣的環境，
是大人重要的任務。孩子對於太難和太簡單
的事物都不會動心。仔細觀察這個孩子的成
長狀況，為現在的他準備最適合的玩具或遊
戲內容吧。

不是由大人主導
而是貼近孩子的想法

遊戲的主角終究是孩子，請尊重孩子現在可
能感受到的心情。說了「小○○，你看這
個，試試看」、「要這樣做喔」之類的話，
最後變成由大人來主導，就會變成不是遊戲
了。雖然由大人來設計遊戲也可以，但是請
細心地去體會孩子現在有什麼樣的心情。

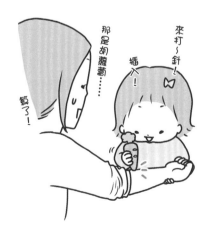

13

配合孩子的個性玩遊戲

發展‧發育的狀況因人而異。不要煩惱和別的孩子相比，我們家的孩子如何如何，要關注的是孩子本身的成長過程。孩子年紀小的時候，也許看起來好像有差異，但是以10年、20年為區間來看的話，差異就變得微不足道了。此外，孩子喜歡的遊戲因人而異。不要獨斷地認定「這個時期一定要玩這個遊戲」，請找出孩子喜歡的遊戲吧。

找出孩子自己的遊戲

刊載在本書中的遊戲終究只是一個開端。試著與孩子一起玩遊戲，觀察孩子的反應，然後嘗試來點變化，也許會出現想都沒想過的各種玩法。不要拘泥於「必須照著這個規則玩」的想法，請找出孩子自己的玩法，然後大人也和孩子一同樂。對孩子每天的照顧也不是非得按部就班，如果將它當成為了享受與孩子交流的時間，就會變成彼此同樂的時光。試著以好玩的心情投入其中吧。

一直在睡覺
的時期

DATA

身高		體重	
▶男嬰	44~59.6㎝	▶男嬰	2.1~5.96㎏
▶女嬰	44~58.4㎝	▶女嬰	2.13~5.54㎏

（因人而異）

在新生兒這個時期，寶寶不分晝夜都在時睡時醒中度過。偶爾會有無關自己的主張、屬於身體無意識的動作，這是「原始反射」還未消失的緣故。

心靈

▶▶▶

這個時期的寶寶，哭泣就是他的工作。肚子餓、不舒服、感到不安，只會以哭泣為求助手段。總之就是經常哭泣來昭告大人。

▶▶▶

在剛出生沒多久的時期，寶寶露出的笑容是無意識中所進行的生理性微笑。過了2個月之後，則會轉換成因認識他人的臉孔而笑的社會性微笑。

照顧的方法

• 哺乳時只給寶寶想要的分量。
• 尿尿和便便的次數相當頻繁，要勤快地換尿布。
• 新生兒的新陳代謝旺盛，所以要頻繁地換衣服。

身體

▶▶▶

在新生兒時期，寶寶會出現「原始反射」。有把手緊緊握住的抓握反射、大人的手指放在他的嘴上就會吸住的吸吮反射、遇到巨大聲響等外在刺激就會受驚的驚嚇反射等等。

20〜30cm

▶▶▶

符合新生兒時期目光焦點的距離，約是被抱著時媽媽臉孔的位置，也就是20〜30cm。隨著寶寶成長，可以看見的距離會拉長。

遊戲的目標

• 剛出生沒多久，寶寶的視力很弱，眼睛也沒有追視的能力，所以大人要把臉湊近與寶寶接觸。
• 這個時期，比起所謂的遊戲，摟抱或觸摸時身體接觸的親暱感更為重要。
• 媽媽或爸爸跟寶寶說話，便能讓他安心。

17

湊近臉蛋微笑

▶▶▶【培育心靈】

玩法 把臉湊近寶寶，與他四目相對，一邊叫他的名字一邊露出微笑，進行眼神的交流。

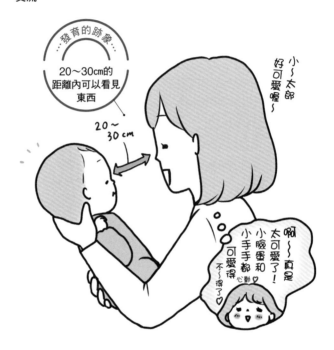

遊戲的用意・成長的能力

- 剛出生的小寶寶，視野是模糊不清的。漸漸地開始具有立體視覺的能力，靠近到20～30cm的距離時可以看見輪廓。
- 注視寶寶時，他的眼睛會開始回望過來。

重點

帶著溫柔的神情叫喚寶寶的名字，進行碰碰小臉蛋等的身體接觸。寶寶籠罩在安心感之中，精神也會很穩定。

大風，吹過來！

▶▶▶【培育心靈】【道具】

玩法 用絲巾等質料較薄的布飄來飄去地擺動，時而送風，時而讓寶寶享受接觸到布的感覺。看著寶寶的眼睛，一邊說些「飄過去囉～」、「輕輕吹～」之類的話。

遊戲的用意・成長的能力

- 讓寶寶體驗風輕拂過臉龐的感覺，以及布的觸感。
- 大人的眼神或反應可培育寶寶的心靈。

重點

請準備一塊觸感光滑舒服的布，不要讓布卡在寶寶的臉上滑不過去。

床邊吊飾晃啊晃

>>>【培育身體】【道具】

玩法 把床邊吊飾懸掛在寶寶視線所及之處,可以用風吹動吊飾,或是以手指一圈圈地轉動。如果自己動手製作吊飾的話,請為寶寶選用紅色或黃色等容易看見的顏色。

作法

製作懸掛吊飾時,可用厚紙裁切成寶寶臉孔大小的尺寸,然後在正反兩面貼上紅色或黃色等色彩鮮豔的色紙。用線綁在竹籤等的兩端,再用另一條線綁在可以使竹籤保持平衡的支點,然後往上再增加一層。

如果有空
可以做出很多層

收好了!

很喜歡爸爸
的臉吧?

遊戲的用意・成長的能力

* 因風搖動而緩緩晃動的吊飾,目光很容易追隨,可以引發寶寶的興致。

重點

吊飾不要一直懸掛在相同的位置,偶爾幫寶寶變換一下方位。如果換到另一側,寶寶就會移動臉孔到另一側追視吊飾。若有人或動物的臉孔,會更吸引寶寶注視。

全部握緊緊

▶▶▶【培育身體】【培育心靈】

玩法 大人緊壓寶寶的手掌心時，寶寶會因抓握反射的作用而握住大人的手。大人與寶寶對望，一邊出聲說「這是爸爸、媽媽的手手喔～」一邊把寶寶的手整個緊緊地握住。

遊戲的用意・成長的能力

- 充分利用寶寶會將手碰到的東西握住的「抓握反射」，進行親子的身體接觸。
- 促進想抓住東西的意識萌芽。

重點

雖然抓握反射不是寶寶自己的主張，但是可以一邊輕柔地說「可以握緊呢」、「一握一放喔」，一邊稍微活動手部等等，享受手指遊戲的樂趣吧。

用高音調說話

>>> 【培育心靈】

玩法 以打招呼的語調叫喚寶寶的名字,或是提高音調慢慢地對寶寶說話。

小花花—是媽媽喔—

在看妳了!天才!!

好厲害!

⋯發育的跡象⋯
看著發出聲音的方向

遊戲的用意・成長的能力

- 寶寶會對高頻率產生反應。
- 使用輕柔的聲音讓寶寶覺得心情愉快,活化寶寶的腦部。

重點

寶寶具有「偏好注視」的特質,也就是注視著喜歡的東西。寶寶非常喜歡從胎兒時期就聽慣了的媽媽和家人的聲音。大家都跟寶寶說話吧。

換尿布按摩

>>>【培育心靈】

玩法　脫下尿布的時候，把寶寶的腿拉直，然後一邊輕輕地搓揉，一邊說著「腳腳好放鬆」，幫寶寶按摩。換完尿布之後，跟寶寶說句「好清爽啊」。

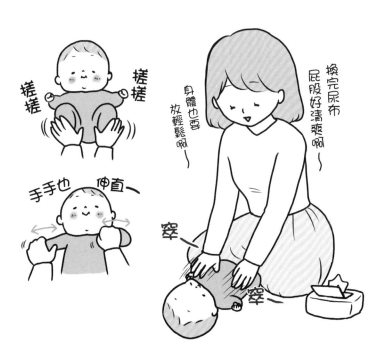

搓搓　搓搓

手手也　伸直～

身體也要放輕鬆啊～

換完尿布屁股好清爽啊～

窣　窣

遊戲的用意・成長的能力

- 換尿布是會一直持續2～3年的工作。不要沉默地進行，要當成享受與寶寶交流的時光來面對它。

重點

藉由換尿布讓寶寶的屁屁變乾淨後感覺心情愉快。跟寶寶說說話，或是幫他按摩一下，可以讓一天要面對好幾次的換尿布工作變成快樂的時光。

嘰啾搗米歌

▶▶▶【培育心靈】【兒歌】

玩法 歌詞中的「嘰啾」，表示米搗飛蝗發出「嘰啾」聲搗米的動作，另有一種說法，指的是稱為「毬杖」的木槌。試著搖動會發出聲音的玩具，或是用手指戳戳寶寶吧。

♪
嘰啾　嘰啾
搗米搗米　搗米搗米
嘰啾　嘰啾
搗米搗好了

（日文歌名：ぎっちょう米つけ）

遊戲的用意・成長的能力

- 與寶寶目光相對，緩慢而咬字清晰地唱歌，培育身心的感覺。
- 讓寶寶的心情放鬆。

重點

將寶寶的手指打開，像搗米一樣戳戳戳，敲在寶寶的手掌上也很好玩。寶寶長大之後也可以彼此互戳，藉此遊戲享受情感的交流。

學寶寶發音

>>> 【培育心靈】

玩法 牢牢地撐住寶寶的脖子直向抱著，與寶寶對望。湊近寶寶，直到距離寶寶臉部20〜30cm的位置，學寶寶發出「啊〜」、「嗯咕〜」的聲音。

發育的跡象

發出「啊〜」、「咕〜」之類的聲音

咕

嗯咕

咕

嗯咕

這觀察的意思呢？
真的可愛到受不了♡
那是什麼意思呢？

遊戲的用意・成長的能力

- 過了1個月之後，寶寶會開始發出「咿咿呀呀」的詞。
- 模仿聲音時，寶寶會因為「收到回應！」而感到高興。

重點

抱寶寶的時候不是橫抱，而是採用可以與寶寶目光相對的直抱。從寶寶的正對面看著他的眼睛說話，建立人與人之間互相溝通的基礎

抱抱搖一搖

▶▶▶ 【培育心靈】

玩法　橫抱著寶寶，與他目光相對，大幅度擺動全身、輕輕地左右搖晃寶寶。此階段寶寶的脖子還不夠硬，要用手牢牢地撐住後頸。

遊戲的用意・成長的能力

* 藉由大幅度地搖晃，讓寶寶體驗「晃動」的感覺。
* 嘴裡說著「搖一搖」之類的話，或是唱唱歌，寶寶就會感到安心。

重點

緩緩地晃動很重要，不要猛烈地搖晃。討厭橫抱的寶寶，也可以撐住他的脖子改採直抱的方式。

玩具在哪裡？

▶▶▶【培育身體】【道具】

玩法 把玩具湊近寶寶的臉蛋附近讓他看，由右至左慢慢地移動玩具，讓寶寶的目光追隨玩具。適合採用顏色鮮豔、會發出聲音的玩具。

左右50度左右

熊熊往那邊去了喔～

往視⋯

咔啦 咔啦♪

遊戲的用意・成長的能力

- 脖子穩定了之後，會追著慢慢移動的東西看，開始具有追視的能力。
- 脖子可以在從臉部的中心算起左右50度的範圍內轉動。

重點

寶寶對聲音很敏感，在叫喚寶寶的名字時要留意有節奏地呼喚「小〇〇」。對寶寶來說，那就像是愉快的音樂。

27

搖過來晃過去

玩法 橫抱著寶寶，輕柔緩慢地配上旋律，一邊提高音調唱歌，一邊將寶寶大幅度地搖晃。大人要以悠閒的心情將寶寶搖來搖去。

♪
搖過來　晃過去
山櫻桃梅
長大變成財神爺唷

（日文歌名：ゆすってゆすって）

遊戲的用意・成長的能力

* 在寶寶想睡覺的時候用來代替搖籃曲，輕柔地搖晃可以使寶寶有安心感。
* 藉由搖晃，寶寶會自然而然使用到腹部的肌肉，培養平衡感。

重點

「財神爺」指的是日本的「惠比壽神」。一邊想像著像惠比壽神一樣帶著微笑，一邊輕柔地搖晃寶寶。

一里二里三里

【培育身體】【兒歌】

玩法　讓寶寶仰躺著，然後從腳尖開始，一直到腿根、屁股，分階段進行刺激的身體接觸遊戲。最後的「四里屁屁～」可以加上抑揚頓挫，或是稍微停頓一下然後熱鬧地結束。

1

一里
握住兩腳的腳踝或腳拇趾，輕輕搖晃。

2

二里
握住膝蓋，輕輕搖晃。

3

三里
握住腿根，輕輕搖晃。

4
四里屁屁～
摸著屁股或兩側腋下，搔癢。

♪
一里　二里
三里　四里屁屁～

（日文歌名：いちにりさんり）

遊戲的用意・成長的能力

- 給予全身刺激。
- 有步驟地進行，讓寶寶想著：「會發生什麼事呢？」內心的期待感隨之升高。

重點

一邊將聲調或搖晃的方式加上強弱，一邊以像是刺激穴位的感覺觸摸寶寶。最後搔癢的部位加以變化，寶寶也會非常高興。

享受戶外空氣

>>> 【戶外遊戲】【培育身體】

玩法 選在天氣晴朗溫和的日子，抱著寶寶走到陽台、窗邊或大門口等處，感受陽光和風。有節奏地移動，寶寶也會變得很開心。

遊戲的用意・成長的能力

- 在寶寶的脖子變硬之前，只要不是勉強的情況，把他帶出去散步也沒問題，可以轉換親子間的氣氛。
- 新鮮的風和光線會為寶寶的肌膚帶來刺激，增加抵抗力。

重點

請避開太熱的日子、太冷的日子、颱強風的時候。一邊說著「有和風吹過來耶」、「好舒服啊」，一邊與寶寶享受輕鬆惬意的時光。

溫柔碰一碰

▶▶▶【培育身體】【培育心靈】

玩法 大人用指尖溫柔地戳碰寶寶的肚子、臉蛋和腿等處。也建議大人使用整個手掌，溫柔地按摩寶寶的整個身體。

遊戲的用意・成長的能力

- 適合還無法按照自己的想法隨意移動身體的階段。
- 透過身體接觸進行親子交流。

重點

帶點節奏感哼唱「碰碰」、「戳戳」，或是「小・肚・肚」、「腳・Ｙ・Ｙ」等，同時進行按摩，就能享受快樂的身體接觸時光。

脖子變硬的時期

DATA 嬰兒資料（3～4個月）

身高		體重	
▶男嬰	57.5~66.1cm	▶男嬰	5.12~8.07kg
▶女嬰	56~64.5cm	▶女嬰	4.84~7.53kg

（因人而異）

原始反射漸漸消失，體重是新生兒時期的2倍，身高則長高了10cm左右，體格漸漸結實起來。區別晝夜的能力漸漸提高，但集中時間睡眠還有點早。

心靈

▶▶▶
認得家人的臉孔，逗弄他的話會開心得笑出聲。大人也要以笑容回應，換尿布等時候也要積極地進行交流。

▶▶▶
寶寶心情好的時候，經常會發出「啊～」、「嗚～」之類牙牙學語的聲音。說話回應那個聲音時，寶寶漸漸能夠分辨是誰的聲音。

照顧的方法

- 稍微拉長喝母奶的間隔，1天8～12次。喝配方奶的話，約160～200ml，1天6～7次左右。
- 白天醒著的時間增多，白天睡2～3次左右。夜晚的睡眠時間變長了。
- 脖子變硬之後就可以直抱了。

身體

▶▶▶
雖然還不會自己抓取東西，但是大人把玩具等東西放在他的手上時，他會緊緊地握住。

▶▶▶
握住寶寶的雙手，慢慢將他的上半身拉高，這麼一來，脖子會突然用力，頭就會隨著已經拉起來的上半身一起上來。

遊戲的目標

- 脖子確實變硬之後，只要短時間內趴著，頭就會抬起來。
- 手會伸向發出聲音的方向，或是感興趣的東西。
- 4個月大的時候，會用手抓住眼睛看到的東西。

握緊張開，咚隆咚隆

 【培育心靈】【手指遊戲】

玩法 向著寶寶，目光相對。大人把手放在臉的旁邊，一邊說著「握緊張開」，一邊把手時而握拳時而張開。接下來發出「咚隆、咚隆」的聲音，把手放在旁邊搖動。

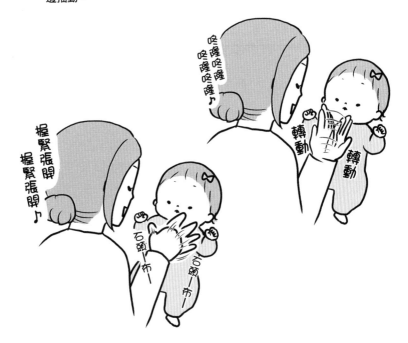

遊戲的用意・成長的能力

- 重複很有節奏感的詞彙和動作，寶寶就會把遊戲學起來。
- 模仿大人的動作進行交流，寶寶就會很滿足。

重點

發出「咚隆咚隆」的聲音時，手要像波浪鼓一樣搖動。兩種遊戲都要一邊看著寶寶的反應，一邊用聽起來很開心的語氣，口齒清晰、很有節奏感地進行。

趴趴玩遊戲

▶▶▶【培育身體】【道具】

玩法　讓寶寶趴著，在稍微前面一點的地方放置球或玩具，讓寶寶看向前方。大人也一起採用趴臥的姿勢，與寶寶目光相視。

…發育的跡象…

趴在地上可以抬起頭部

胖嘟嘟的臉蛋好像要垂下來了…♡

好好玩啊～

即使把玩具放在稍遠一點的地方也……

遊戲的用意・成長的能力

- 可以用手臂和手肘支撐上半身，頭往上抬，臉朝左右轉動。
- 拓展與仰躺時截然不同的視野，挑起寶寶的好奇心。

重點

把玩具放在寶寶伸出手幾乎可以搆到的地方，當他朝著玩具伸出手的時候，大人要出聲鼓勵他。若寶寶累了，頭部朝下時，讓他恢復仰躺的姿勢。

大大的抱枕

▶▶▶【培育身體】【道具】

玩法 脖子完全變硬之後，準備一個尺寸大小是寶寶可以爬行翻越過去的抱枕，讓寶寶趴著，上半身靠在抱枕上。

不要啊！
爸爸在旁邊！
爸爸……

作法

1

準備一塊尺寸大小可以放入毛毯的布，對摺。將摺痕的對側和下側縫起來。

2

把較薄的毛巾被或毛毯捲起來，放入**1**的裡面。用繩子牢牢地打結以免鬆開。

遊戲的用意・成長的能力

- 這是移動和努力活動雙腳的練習，為爬行做準備。
- 把手搭在抱枕上，練習讓身體保持平衡。

重點

大人在一旁試著出聲叫喚寶寶：「到這裡來。」寶寶漸漸會爬之後，翻越抱枕就像在玩遊戲一樣。

葉子的沙沙聲

▶▶▶【培育心靈】【戶外遊戲】

玩法 帶寶寶外出散步的時候，讓他用手摸摸公園裡的植物。大人也可以一起摸摸看，一邊說「好光滑喔」、「聞起來很香」等話。

遊戲的用意・成長的能力

* 親近大自然的同時，與寶寶進行親子交流。
* 享受植物的各種觸感和氣味。

重點

可以用葉子來逗弄寶寶，或是拿葉子搧風，試著想出各種不同的玩法吧。不過，要注意別讓寶寶把落葉等已經弄髒的東西放進嘴巴裡。路邊生長的雜草有的是有害的，不熟悉的草不要去摸。

抓住玩具‧玩拔河

玩法 給寶寶容易用5根手指抓握的環狀玩具。寶寶抓住玩具後,遞給他的大人不要放開手,與他玩拔河。

...發育的跡象...

在身體的正面兩手交叉

也可以拉著玩♪

遊戲的用意‧成長的能力

• 刺激全部的手指,可以讓寶寶意識到握力。
• 會把抓到手的東西都送到嘴邊確認一下。

重點

如果寶寶想要拉回玩具,大人就跟他重複玩幾次拔河比賽。如果寶寶好像不想玩就停止,隨後把手放開讓寶寶自由地玩。

用手手大口大口吃

>>>【培育身體】

玩法 在寶寶心情好的時候，讓他趴著。用手指做出嘴巴的形狀，在寶寶的眼前動來動去。如果寶寶想要摸摸這個嘴巴就湊近他，手指一開一合像嘴巴一樣咬住寶寶的身體。

遊戲的用意・成長的能力

- 脖子確實變硬之後，寶寶開始可以抬起頭維持數秒左右。
- 使用手臂和手肘支撐上半身。

重點

只讓寶寶短時間趴著，請不要將視線離開寶寶。如果寶寶累了，立刻讓他回到仰躺的姿勢。此外，不要忘了說「好厲害～」、「好好玩」之類的話。

發出聲音的玩具

 【培育心靈】【道具】

玩法 把會發出嘎啦嘎啦等聲音的玩具讓寶寶拿在手中。中途,如果寶寶突然放開手,玩具掉下來,要很有耐心地撿起來給他。

遊戲的用意・成長的能力

• 增加聽聲音的能力、與大人互動的能力。
• 把頭轉向發出聲音的方向、回頭去看等,感受到隨自己的想法活動的喜悅。

重點

寶寶手裡拿著玩具,弄出聲音時,大人要用「鈴鈴」、「聽得見唰唰聲」等言語表現聲音的世界。

180度的世界

>>>【培育身體】

玩法 大人把會引起寶寶興趣的玩具拿在手中，讓寶寶看著玩具，然後慢慢左右移動玩具，讓寶寶的視線跟著180度追視。

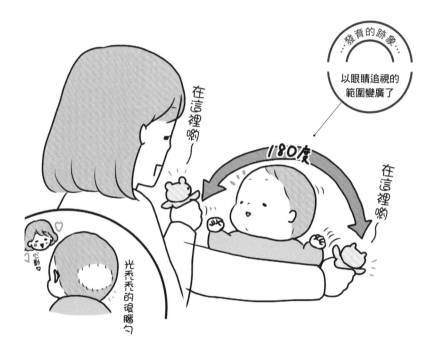

⋯⋯發育的跡象⋯⋯
以眼睛追視的範圍變廣了

180度

在這裡唷

在這裡唷

光禿禿的後腦勺

心動♡

遊戲的用意・成長的能力

- 脖子確實變硬之後，可追視的範圍拓展到180度左右。
- 以「想看見」的心情為原動力，開始會以眼睛追視東西。

重點

仰躺、趴臥或是抱著都OK。寶寶開始體會到能隨自己的意思把臉轉往各個方向的樂趣。

玩具靠過來囉

>>> 【培育心靈】【道具】

玩法 從背後抱著寶寶，將手裡拿著的玩具從左邊或右邊靠近寶寶，觀察寶寶的反應，從右到左、從左到右移動，或是在寶寶的面前突然停住。

突然在面前停住，會伸手想抓。

縱向移動的話，寶寶還無法用眼睛追視。

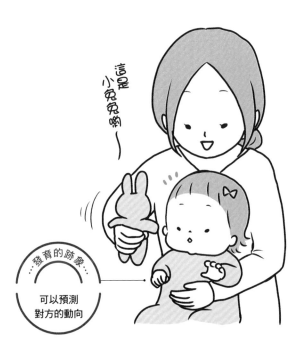

這邊喔～小兔兔

…發育的跡象…
可以預測
對方的動向

遊戲的用意・成長的能力

- 橫向移動的話，可以預測東西來到自己的面前。
- 縱向移動的話，要8個月大以後才開始有辦法預測。

重點

玩具從右邊來的話會伸出右手，從左邊來的話會伸出左手，想要抓住玩具。可以變化一下移動的速度，或是讓寶寶抓住玩具。讓玩具在寶寶的身上咚咚咚地上下移動，寶寶也會很開心。

趴在肚子晃啊晃

▶▶▶【培育身體】

玩法 大人仰躺著，讓寶寶趴在大人的肚子上。牢牢地抱住寶寶的身體，大幅度地左右搖晃。

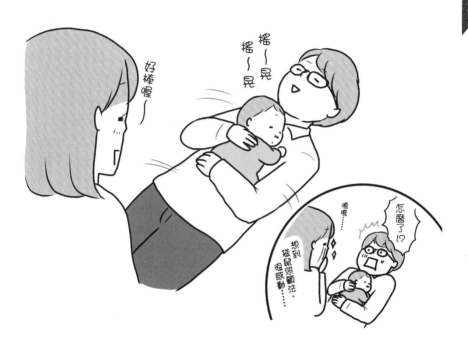

好棒喔～

搖─晃
搖─晃

嗚嗚……

想到袋鼠照顧法、很感動……

怎麼了!?

遊戲的用意・成長的能力

- 在柔軟而不穩定的地方玩，培養平衡感。
- 緊貼著身體，享受肌膚接觸。

重點

寶寶趴在大人的身上之後，大人仰躺著，大幅度地左右搖晃，一邊說「掉下來掉下來～」、「軟綿～綿、軟綿～綿」等話，試著增添變化跟寶寶玩。

外出散步

>>>【培育心靈】【戶外遊戲】

玩法 以1天1次為準，出門去散步。「風的聲音沙沙沙」、「電車來了」等等，把周遭的情況化為言語說給寶寶聽。外面的世界充滿了刺激。

遊戲的用意‧成長的能力

- 培養對周遭環境的興趣，體驗聲音、風和光線。
- 接觸戶外的空氣，可以增加抵抗力。

重點

寶寶的脖子變硬之後，連帶出去散步也變容易了。日照強烈的時候不要忘了阻隔紫外線。事先大致上決定好外出散步的時間帶，一天的生活節奏就會很安定。

各式各樣的觸感

▶▶▶【培育身體】【培育心靈】【道具】

玩法 在寶寶張開的手上，讓他拿著絨毛質料之類觸感柔軟蓬鬆的玩具，或是會嘎啦嘎啦響的硬質玩具。寶寶會握緊玩具，動動手搖晃它。

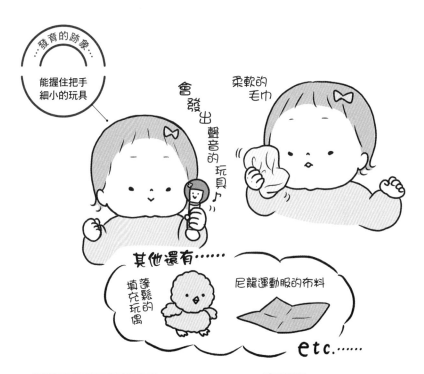

···發育的跡象···

能握住把手細小的玩具

會發出聲音的玩具♪

柔軟的毛巾

其他還有……

蓬鬆的填充玩偶

尼龍運動服的布料

etc……

遊戲的用意・成長的能力

- 漸漸可以握住東西之後，讓寶寶體驗各種不同的觸感。
- 這個遊戲可成為抓握東西的練習，如果會發出聲音的話，也能給寶寶一些刺激。

重點

還不會自己伸手拿東西的寶寶，由大人拿給他。因為正處於什麼都要放進嘴裡的時期，所以視線不要從寶寶身上移開。

45

會翻身
的時期

DATA　嬰兒資料（4～6個月）

身高

▶男嬰　59.9～70.4㎝

▶女嬰　58.2～68.7㎝

（因人而異）

體重

▶男嬰　5.67～9.2㎏

▶女嬰　5.35～8.67㎏

這是寶寶漸漸會從腰部扭轉身體、滾動翻身的時期。6個月大的時候，從母體獲得的抗體用完了，有時會罹患嬰兒玫瑰疹或感冒。

心靈

▶▶▶

開始會區別爸爸和媽媽等親近的人,以及不熟悉的人的臉孔。叫喚寶寶的名字時他會回頭,對他笑的話,他也會回以笑容。

▶▶▶

手指變得更加靈巧,會自己伸手去拿想要的東西。拿不到的話會扭轉身體,拿在手上的東西也會換手拿。

照顧的方法

- 母奶變成1天8～12次,配方奶200～220ml,1天5次左右。
- 寶寶到了5～6個月大的時候,視情況1天1次,在上午的固定時間開始餵副食品。

180度

身體

▶▶▶

脖子可以自由轉動180度,視野變得寬廣。眼睛隨著物體移動的追視能力提高,也多了看見小東西的能力。此外,會突然回頭朝著發出聲音的方向。

▶▶▶

從仰躺的狀態,到扭轉腰部、轉動單腳,然後上半身呈趴伏狀態。因為翻身的速度因人而異,所以不要慌張,在一旁好好守護著寶寶吧。

遊戲的目標

- 有時候寶寶翻身時會往意想不到的地方移動,請在地板上鋪嬰兒地墊等。
- 因為寶寶抓到什麼都往嘴裡塞,所以要十分注意別誤吞不該吃的東西。
- 注意別讓寶寶從沙發或床鋪滾下來。

飛機，咻～

>>> 【培育身體】

玩法 讓會翻身的寶寶趴著，以肚子為支點，把雙手雙腳和臉往上抬，擺出像飛機一樣的姿勢。有的寶寶擺不出這個姿勢，如果做不到的話也不用擔心。

遊戲的用意．成長的能力

• 讓手腳離開地板，可以強化背肌。
• 雖然時間很短暫，但是把臉往上抬，可以看到與一直在睡覺的時期不同的景色。

重點

把顏色鮮豔的玩具等放在寶寶的面前，他會想要伸手拿而努力地挪動身體。能做出這個姿勢的話，很快就會翻身了。

小小芋蟲滾來滾去

>>> 【培育身體】【兒歌】

玩法 在躺平的寶寶面前,配上旋律唱著「小小芋蟲滾～來滾去」,一邊在旁滾動球,一邊誘使寶寶扭轉身體或移動。

♪
小小芋蟲　滾來滾去
葫蘆～瓜兒　直立起來
(日文歌名:いもむしごろごろ)

嗨!
小小芋蟲!
滾來滾去!

沙

滾去

滾來

爸爸慢慢來吧.....

遊戲的用意・成長的能力

- 為了讓寶寶會翻身,必須加強腹肌和背肌。
- 往左右搖晃,可以促進往左右兩邊翻身。

重點

為了使寶寶的眼睛容易追隨球的動向,大人要慢慢地搖晃球。將周圍的東西收拾乾淨,整理出可以讓寶寶左右轉動180的寬廣範圍,再開始玩。

摸得到玩具嗎？

»»»【培育身體】【道具】

玩法 將玩具垂掛在似乎摸得到又摸不到的高度。時而將玩具靠近寶寶，時而稍微拉開距離，和寶寶玩遊戲。

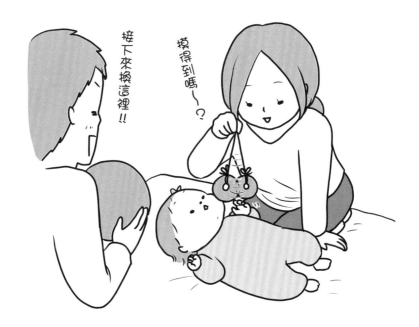

摸得到嗎～？

接下來換這裡!!

遊戲的用意·成長的能力

- 抓握反射漸漸消失之後，寶寶會開始享用手實際摸到東西的樂趣。
- 手要伸多長才拿得到東西呢？培養寶寶具有這樣的判斷力。

重點

垂掛玩具的時候，放在寶寶的頭部上方、距離20～25cm左右的地方。放在寶寶伸手就可以摸到的位置，這點很重要。

小鳥，到這裡來

>>>【培育身體】【兒歌】

玩法 大人讓寶寶坐在大腿上，抓著寶寶雙手，邊唱歌邊一起玩。最後唱到「快飛走吧～」的時候，動作要誇張一點。

1

小鳥快停到
這～裡來
小鳥快停到
這～裡來

單手張開手掌，用另一隻手的手指去戳手掌，或將雙手的指尖相碰。

♪
小鳥　快停到這裡來
小鳥　快停到這裡來
不停留的小鳥
快飛走吧

（日文歌名：ちっち、ここへ）

2

不停留的小鳥
快飛走吧～

一直到「不停留的小鳥」為止，動作都與1相同。「快飛走吧～」則做出萬歲的動作！

遊戲的用意・成長的能力

- 讓寶寶清楚地體認到，手是自己身體的一部分。
- 雙手的手指相碰等動作，可以提高指尖的機能。

重點

在有節奏的愉快氣氛中，唱歌來使注意力集中在手上。最後的萬歲動作，也可以緊緊地抱住寶寶。

從腿上跳起來

>>> 【培育身體】

玩法　大人把手伸入寶寶的兩側腋下，牢牢地直抱。讓寶寶輕輕站在跪坐的大人腿上，配合寶寶膝蓋的伸屈讓他跳起來。

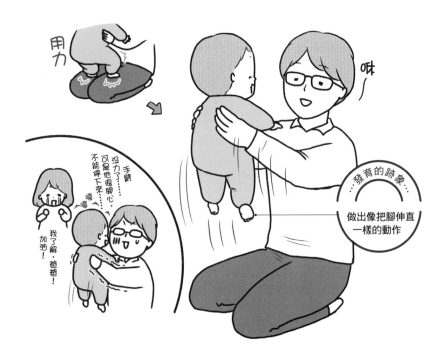

發育的跡象

做出像把腳伸直一樣的動作

遊戲的用意・成長的能力

- 用手從兩側腋下撐住寶寶的身體讓他站著，寶寶會自己伸直腳，變成下半身的運動。
- 跳來之後可以欣賞高處的視野。

重點

要配合寶寶膝蓋的動作，推測他跳起來的時間點。配合跳躍，為寶寶發出「咻～」之類的聲音。

自己拿拿看！

>>> 【培育身體】【道具】

玩法　把玩具放置在仰躺或是趴臥的寶寶附近，讓寶寶自己靠過去抓起來。從手可以摸到的範圍，一點一點地拉開距離。

一點一點地
往遠處
放置

遊戲的用意・成長的能力

- 寶寶的探求心變得旺盛，自己漸漸可以熟練地抓取東西。
- 寶寶判斷與玩具之間的距離，翻身之後扭轉腰部、雙腳交叉等等，變換身體的姿勢。

重點

剛開始放在近處，讓寶寶可以體驗抓到想要的東西時那份成就感。在那之後，慢慢地把放置地點拉遠，促使寶寶翻身。

學寶寶聲音的對話

>>> 【培育心靈】

玩法 如果寶寶發出「叭～」、「咕～」等聲音，大人就學他，也發出「叭～」、「咕～」之類的聲音回應，以模仿進行交流。

⋯發育的跡象⋯
像在回應周遭
聲音一樣
發出聲音

遊戲的用意·成長的能力

• 這時期開始會辨識家人的臉孔和聲音，並會發出聲音進行對話。
• 有人模仿自己的聲音，就可以藉此了解自己的發聲。

重點

學寶寶說話的時候，聲音要清晰。這個時候，要誇大臉部的表情，營造出像在享受實際對話的氣氛。

踢腳鈴鈴鈴

>>> 【培育身體】【道具】

玩法 把鈴鐺或會發出聲音的玩具綁在寶寶雙腳的腳踝。一開始由大人抓著腳踝弄出聲音，接著讓寶寶自己動腳發出聲音。

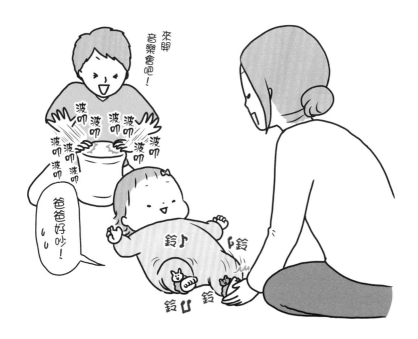

遊戲的用意・成長的能力

- 在大人的協助之下，漸漸可以照著自己的意思搖動腳部。
- 漸漸可以把腳抬高，自己動腳玩。

重點

一邊出聲說著「鈴鈴鈴地響喲」之類的話，一邊促使寶寶發現只要動動腳就會發出聲音。寶寶知道了之後，要說「好棒喔，你懂了」來讚美他。

沒有人沒有人，哇～

>>> 【培育心靈】

玩法 與寶寶目光相對，一邊說著「沒有人沒有人」，一邊用雙手掩住臉。接著說聲「哇～」然後把雙手打開，對寶寶笑一笑。躲在手帕後面、變換表情等各有不同的樂趣。

遊戲的用意·成長的能力

- 這時期會辨識家人和他人，短期記憶力增加。
- 即使媽媽或爸爸把臉藏起來，寶寶也會期待著「何時會出現呢？」在一旁等待。

重點

寶寶熟悉遊戲之後，可以拉長說「哇～」之前的空檔，或是比預期的時間短就說出「哇～」，稍微加以變化一下。像是做鬼臉遊戲一樣，試試看在臉上做出各種不同的表情。

對鏡子微笑

▶▶▶【培育心靈】【道具】

玩法 抱著寶寶，讓他面對手鏡、穿衣鏡或是洗臉台等的鏡子。對著映照在鏡子中的寶寶，試著增加揮手等動作。

遊戲的用意・成長的能力

* 1歲之後才會察覺到映照在鏡子中的是自己。
* 了解人會映照在鏡子中，知道鏡中是媽媽和爸爸。

重點

大人試著透過鏡子，對著以疑惑的神情看著鏡子的寶寶笑一笑。一邊說著：「是誰呀～？」、「咦？會是誰呢？」一邊刺激寶寶的好奇心。

握住手，啪！

▶▶▶【培育心靈】【兒歌】【道具】

玩法 到了這個時期，已經可以坐得非常穩了，所以請試試這個能與寶寶面對面一起玩的手指遊戲。隨著小雞的叫聲把雙手打開，讓寶寶看藏在手中的布。

1
握住手
啪！
剛出生的
小小雞

把布藏在手中，一邊上下搖晃一邊把歌反覆唱數次。

♪
握住手　啪！
剛出生的　小小雞
嘰嘰嘰嘰～

（日文歌名：にぎりぱっちり）

也可以用玩具代替布……

2
嘰嘰嘰嘰～

打開雙手，讓寶寶看手中的布（有彈性的布會散開變大，讓寶寶很開心）。

遊戲的用意・成長的能力

- 配合歌曲，誘使寶寶跟著做動作或引起他的興趣。
- 會從手中露出什麼，讓寶寶充滿期待。

重點

也可以試著改在手中放入小沙包、小型填充玩偶，或寶寶最喜歡的東西來代替布。或是抓著寶寶的手，將歌詞的「嘰嘰嘰嘰」改成「像紅葉的手～」這個版本。

呼叫名字回頭看

>>> 【培育身體】【培育心靈】

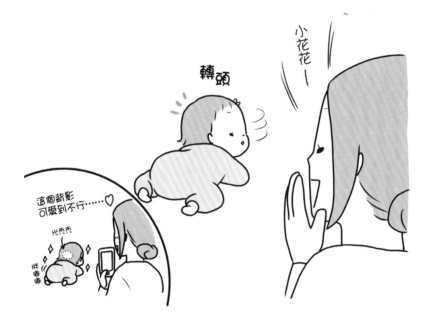

玩法　對著漸漸開始以肚子貼地爬行的寶寶，從斜後方叫喚他的名字。如果他會往發出聲音的方向回頭，就代表成功了。為了讓寶寶扭轉身體，請試著多叫幾次寶寶的名字，讓他以「肚子貼地爬行」的方式爬到大人這裡來。

轉頭

小花花～

這個背影可愛到不行……♡

光禿禿

胖嘟嘟

遊戲的用意．成長的能力

- 繼飛機姿勢（P.48）之後，讓身體扭轉，努力進行樞軸轉動（Pivot Turn）。
- 想看見、想知道，這樣的欲望會促進身體的發育。

重點

不只是叫喚寶寶的名字，還可搭配他喜歡的玩具，或是以會動的東西引起他的興趣，把叫喚名字與遊戲結合在一起。

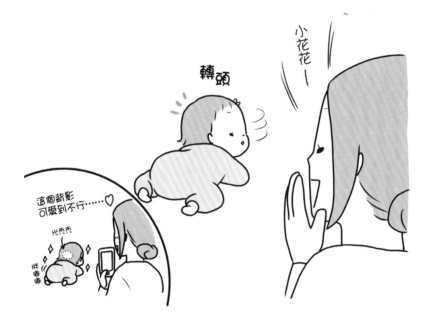

小花花

▶▶▶【培育心靈】【兒歌】

玩法 以紅通通的臉蛋為靈感設計出來的肌膚接觸遊戲。舒緩的拍子，配上旋律一邊唱、一邊輕柔地碰觸寶寶的臉。

2
好想
輕柔地碰2次左右兩邊的臉頰。

1

小花花
用手指戳戳鼻子，碰2次。

♪
小花花
好想　吃蘋果的
小花花
（日文歌名：はなちゃん）

3

吃蘋果
碰2次嘴巴。

5
小花花
最後，用手指戳戳鼻子，碰2次。

4
的
碰2次額頭。

遊戲的用意・成長的能力

- 輕柔的肌膚接觸可以加深親子之間的感情。
- 寶寶心裡會想著「接下來會碰到哪裡呢？」讓期待感更加高漲。

重點

把寶寶放在嬰兒搖椅或是爸爸的大腿上等，與寶寶正面相對。將歌詞中「小花花」的部分改成寶寶的名字，與寶寶一起玩。

拍手拍手啊哇哇

▶▶▶【培育心靈】【兒歌】

玩法 把令人愉快的字彙重複多次的手指遊戲歌。寶寶自己一個人還無法做動作的時候,把寶寶放在大人的大腿上,握著寶寶的雙手,一邊唱歌一邊同樂。

1

拍手拍手
握著寶寶的雙手,讓手掌相碰。

2

啊哇哇
把手放到寶寶的嘴巴旁邊。

3

**纏纏繞繞
纏纏繞繞**
寶寶的雙手在胸前像「捲線板」一樣一圈圈地打轉。

♪
拍手拍手　啊哇哇
纏纏繞繞　纏纏繞繞　小鳥眼睛
小腦袋啪啪　手肘　砰砰

(日文歌名:ちょちちょちあわわ)

6

手肘砰砰
唱到「砰砰」時,寶寶用單手碰觸另一隻手的手肘。

5

小腦袋啪啪
寶寶的雙手放在頭上,唱到「啪啪」時拍2次。

4

小鳥眼睛
寶寶單手的手掌朝上,用另一隻手的手指戳手掌。

遊戲的用意・成長的能力

- 重複字彙很多的遊戲歌,可以促進言語發展。
- 因為可以享受與大人擁有一體感的樂趣,所以寶寶會產生滿足感。

重點

從0歲到長大都可以玩的手指遊戲歌。在一直睡覺的時期,即使只是大人做動作給寶寶看,也能傳遞歡樂的氣氛。

會坐
的時期

DATA 嬰兒資料（6～8個月）

身高

▶男嬰 63.6～73.6㎝

▶女嬰 61.7～71.9㎝

（因人而異）

體重

▶男嬰 6.44～9.87㎏

▶女嬰 6.06～9.37㎏

從一直在睡覺的時期畢業之後，進入會坐的時期。脫離時睡時醒的生活，過著晝夜分明的一天，也漸漸學會基本的生活習慣。

心靈

▶▶▶

開始用手指示的時期。看到想要的東西時就伸出手指去指它，還會發出「啊～啊～」、「嗯、嗯」等聲音，想要把意思傳達給大人知道。

▶▶▶

記憶力發育之後，開始會跟隨在大人後面。在房間裡，即使只有一下子看不見媽媽的身影，都會因感到不安而哭泣，或是只要媽媽一移動就會跟隨在後。

照顧的方法

- 母奶1天5～7次，配方奶200～220ml，1天5次左右。
- 吃慣了副食品之後，要1天餵2次左右。
- 吃完副食品等之後，讓寶寶握著嬰幼兒牙刷，養成刷牙的習慣。

身體

▶▶▶

剛開始還是用雙手支撐上半身。腰部漸漸結實起來之後，雙手就會離地，拉直背肌，變成可以坐著。視野也比一直在睡覺的時期更加寬廣。

▶▶▶

這時期會從趴臥的狀態，利用手腳爬行。有的寶寶雖然用四肢爬行還不熟練，也會像匍匐前進一樣，以肚子貼地的方式爬行。

遊戲的目標

- 增進眼手協調。
- 雖然漸漸變得會穩定地坐著，但還是要注意寶寶往前或往後翻倒。
- 會靈巧地使用雙手後，就會換手拿東西，或是敲打東西發出聲音。

衛生紙的替代品

>>> 【培育身體】【道具】

玩法 將兩端打結相連的手帕放入空的面紙盒中,從開口處先拉出手帕的一角,寶寶就會開心地把手帕拉出來。拉出最後一條手帕之後,再把手帕放進去。

死守真正的衛生紙!

遊戲的用意・成長的能力

- 在什麼都想抓、想拉扯的時期,滿足寶寶的欲望。
- 利用把東西拉出來的遊戲促進手指的發育。

重點

寶寶非常喜歡把衛生紙拉扯出來的動作。放入手帕取代衛生紙,既可滿足寶寶的需求,媽媽和爸爸收拾起來也輕鬆!

模仿表情

▶▶▶【培育心靈】

玩法 與寶寶面對面，像做鬼臉的遊戲一樣，對著寶寶做出各種鬼臉或表情，讓寶寶模仿。

遊戲的用意・成長的能力

- 不只是受到影響做出相同的表情，還想依照自己的意思來模仿。
- 學會看他人表情的觀察力。

重點

就像在玩「沒有人沒有人，哇～」的遊戲（P.56）時一樣，即使沒有暫時遮著臉，也可以加上表情的變化。寶寶模仿得很像時要誇獎他。

一圈一圈旋轉

>>> 【培育身體】

玩法 抓著寶寶的腋下兩側,牢牢地抱起來,慢慢地旋轉360度。往右轉或往左轉,或是水平抱起來像飛機一樣旋轉也可以。

遊戲的用意‧成長的能力

- 旋轉的時候可以看到與平常不同角度的世界。
- 感受離心力和迎面而來的風等等,活絡五感。

重點

一邊出聲說著「要旋轉了喲～」、「一圈一圈地轉喲～」、「起飛囉～」等等,一邊慢慢地旋轉。時而快速地旋轉,時而上下激烈地搖晃是很危險的,請不要這麼做。

沒有？有？

>>> 【培育心靈】【道具】

玩法 把寶寶一直盯著看的玩具用布蓋起來。稍微等一下之後掀開布，讓玩具又出現。拿掉布的時候，寶寶會露出「有了！」的表情。

1

窣

把寶寶一直盯著看的玩具用布蓋起來。

2

？

（不見了？）

就這樣看了一下子。

3

把布拿開。

（有了！）

哇！

這是魔術！

哪裡呢…

遊戲的用意・成長的能力

- 雖然眼前的東西看不見之後就是「沒有」了，但是月齡再大一點的寶寶會為了找玩具而想把布拿掉。
- 認識「即使看不見還是存在」這件事。

重點

拿掉布的時候，用稍微誇張一點的語氣說：「哇～」寶寶看到玩具再度出現時，應該會露出很開心的表情。在寶寶盯著玩具看之前，先用棉被或窗簾遮起來也很有趣。

葉子拔河

▶▶▶ 【使用身體的遊戲】【戶外遊戲】

玩法 可以在散步途中休息時玩的遊戲。找一片柔軟乾淨的葉子，大人和寶寶分持葉子的兩端互相拉扯，就成了葉子的拔河遊戲。

遊戲的用意・成長的能力

- 增加抓握東西的能力，以及認識想要的東西的能力。
- 確認葉子的觸感，透過了解薄的葉子可以被扯碎等特性，與自然合而為一。

重點

使用乾淨的葉子來跟寶寶玩。在互相拉扯的時候，大人的力道要輕柔。也可以改用手帕或毛巾取代葉子來玩拔河遊戲。

咚咚大鼓

>>>【使用身體的遊戲】【道具】

玩法 準備紙箱或空盒子等敲打時會發出聲響的東西。把它翻過來當作大鼓，用手咚咚咚地敲打。

……發育的跡象……

直接就這樣坐著用雙手敲打

遊戲的用意‧成長的能力

- 坐得很穩、漸漸會使用雙手之後，就很喜歡玩會用到手的遊戲。
- 發現敲擊東西時會發出各種不同的聲音。

重點

還不太會坐的寶寶，可以放在大人的大腿上。試著尋找身旁會發出聲音的東西，善加利用。樂器玩具也OK。

爬行遊戲

▶▶▶【培育身體】

玩法 寶寶可以翻身之後，在與寶寶隔了一小段距離的地方擺放他喜歡的玩具，大人則坐著不動，對寶寶說：「到這裡來。」促使寶寶爬行。寶寶會選擇去哪一邊呢？

到這裡來～！

忐忑不安

遊戲的用意・成長的能力

- 會用腹部貼地爬行之後，臉漸漸會往上抬，視野和興趣都一下子擴展開來。
- 提高想用身體移動的意願。

重點

一開始只想憑藉手臂的力量往前進。在這個時期會運用腳趾頭，想要一邊扭動身體一邊移動，這和變得會爬有密切關係。

追趕遊戲

▶▶▶【培育身體】

玩法 寶寶變得會爬之後，大人配合寶寶的速度從後方追趕寶寶。等寶寶回頭看，再繼續追趕。

等等
等等～

嘻
嘻

隔天

肌肉痠痛

遊戲的用意・成長的能力

- 促使寶寶爬行的遊戲。
- 使腿部和腰部結實，鍛鍊背肌。
- 寶寶感受到樂趣之後，漸漸會期待大人追過來。

重點

追趕遊戲是在寶寶朝著大人爬過來時起跑。寶寶聽到大人突然說「等等、等等～」同時在後方追趕，會覺得有趣，也能體驗到驚嚇感。

用四肢爬行，GO！

▶▶▶【培育身體】【道具】

玩法 在房間裡用棉被和軟墊等，布置一個有高低差的區域，寶寶會努力用四肢爬行前進。讓寶寶在大人親手打造的健身房裡運動吧。

遊戲的用意・成長的能力

• 寶寶以爬行的姿勢移動，可以培養平衡感。
• 能夠用手腳的力氣爬越高低差、爬上斜坡。

重點

為了避免寶寶手腳打結往前傾而滾下來，大人要經常協助他。為了讓寶寶能夠確實把頭抬高、用四肢爬行，請在前方出聲對寶寶說話。

1、2、跳！

>>> 【培育身體】【戶外遊戲】

玩法 直抱著寶寶，在散步的時候，邊數著「1、2、跳！」邊配合節奏走路。以能讓寶寶感受到少許振動的程度，試著輕輕跳躍。

遊戲的用意・成長的能力

- 大人製造的躍動感成為刺激，寶寶也覺得很開心。
- 培養平衡感。

重點

即使在家中，當寶寶鬧脾氣時這麼做的話也可以轉換心情。跳躍的時候，要牢牢地撐住寶寶的後頸。

馬兒啊達嘶達嘶

▶▶▶【培育身體】【培育心靈】【兒歌】

玩法 把大人的腿當作馬背，讓寶寶騎在腿上，一邊唱歌一邊將腿大幅度地上下擺動。唱到「啪咔啪咔」的時候，搖晃的幅度稍微大一點，讓腿重重地放在地板上。

♪
馬兒啊　達嘶達嘶
在哭還是　很強壯
馬兒啊　因為很強壯
所以騎馬的人　也強壯
啪咔啪咔

也可以面對面坐著♪

啊啊
可愛到
不行…♥
晃晃
晃晃

遊戲的用意・成長的能力

* 藉由騎馬的感覺，讓寶寶使用到全身肌肉。
* 可以體驗有節奏感的搖晃所帶來的樂趣。

重點

試著把歌詞中「騎馬的人」換成寶寶的名字。大人和寶寶手牽手面對面，寶寶跨坐在大人的腿上時，寶寶會變得想自己跳起來。

咚～推倒積木

》》》【培育身體】【道具】

玩法 大人在坐著的寶寶前面，將3～4個積木往上堆高。當寶寶想碰積木，積木就倒了。再把積木堆高，這次寶寶則會故意把積木碰倒。

遊戲的用意·成長的能力

- 寶寶1歲左右之後，才會自己堆高積木。
- 即使只用一點點力氣，積木也會應聲而倒，寶寶學會這個作用之後會變得很喜歡重複這個動作。

重點

積木最好選用大小能讓寶寶抓得住的立方體。在積木倒塌的同時，以誇張的語氣說出「哇～」、「鏘～」，寶寶會感到非常滿足。

扭蛋球

》》》【培育身體】【道具】

玩法 把小珠子放入扭蛋球空殼中密封起來，做成會發出聲音的玩具。滾動它、用手拿著它搖晃、拿著2顆扭蛋球互敲等，有許多玩法。

♪
OABU
OABU

速度加快了!!
哇

作法

1
找一個放小玩具的扭蛋球空殼，把小珠子放進去。

2
用黏著劑或是絕緣膠帶等確實固定住，以免扭蛋球打開。

遊戲的用意‧成長的能力

* 如何用手搖動眼睛所看到的東西，這個遊戲可以促進這種「眼手協調」的能力。
* 讓寶寶坐著，同時在視覺、聽覺上給予刺激。

重點

準備幾顆扭蛋球。如果寶寶把球弄掉或是丟出去，讓球滾到了遠方，就再遞一顆給他。

爬呀爬呀過山洞

》》》【培育身體】【道具】

玩法 用紙箱做成一個短短的隧道放在地板上，讓寶寶爬呀爬地穿過山洞。用2～3個紙箱連成長長的隧道也很有趣。

……發育的跡象……
四肢著地，撐高身體爬行

大人來爬也吃力……

作法

1
把紙箱打開，裁切掉搖蓋的部分，或是將搖蓋往內側摺進去，再以封箱膠帶固定。

CUT!
TAPE!

2
在紙箱的側面貼上布或色紙等裝飾。

遊戲的用意‧成長的能力

- 藉由爬行提升全身的運動機能。
- 穿過山洞可以增加認識空間的能力。
- 刺激手掌皮膚的感覺。

重點

再度挑戰脖子變硬時期的「大大的抱枕」（P.36），這次說不定可以輕輕鬆鬆翻越過去。

控控互敲，啪啪拍手

>>> 【培育身體】【道具】

玩法 在寶寶坐著的狀態下，讓他拿著2個積木，他會合起雙手把積木敲得控控作響。維持坐著的狀態，寶寶也會開始出現「啪啪！」拍擊雙手的動作。

發育的跡象

讓雙手的動作同步進行

遊戲的用意・成長的能力

- 從原先用單手敲撞手中東西的動作，變得可以用雙手拿著相同的東西互相敲撞。
- 手指的控制能力更進步了。

重點

用兩隻手做同樣的動作是相當困難的事。一開始最好是由大人示範給寶寶看，進行誘導。

自製沙鈴

▶▶▶【培育身體】【道具】

玩法 讓寶寶拿著以保鮮膜紙軸做成的沙鈴。玩的時候，可以搖晃沙鈴發出聲音，也可以把沙鈴從右手換到左手。

發育的跡象
拿著的東西可以換手拿

作法

1

將鈴鐺放入保鮮膜紙軸中，兩端的洞孔先包覆保鮮膜，再以絕緣膠帶纏住。

2

側面以塗有黏著劑的紙包捲起來。

遊戲的用意・成長的能力

- 此時期可以將握著的東西從手中放開、換手拿。
- 在寶寶單手拿著東西的狀態下遞東西給他時，他會用空著的手來接。

重點

為了避免保鮮膜破損、紙軸裡的鈴鐺飛出來，請牢牢地固定住。一旦鈴鐺飛出來，不要讓寶寶把鈴鐺放入口中。也可以不用鈴鐺，改用小珠子或小球替代。

會扶站
的時期

DATA 嬰兒資料（9～11個月）

身高		體重	
▶男嬰	67.4～77.4cm	▶男嬰	7.16～10.59kg
▶女嬰	65.5～75.6cm	▶女嬰	6.71～10.06kg

（因人而異）

寶寶爬行的速度變快，也會攀扶東西站起來的時期。發展較快的寶寶開始會扶走等等，成長十分顯著的時期。手指也變得很靈活，什麼都想摸，所以大人不能將視線從寶寶身上移開。

心靈

▶▶▶
自我意識萌芽，對媽媽的依戀也變得十分強烈，所以有時候跟隨在媽媽身後的行為會變得更激烈。像是要去洗手間的時候，要對寶寶說：「媽媽就在旁邊喲。」

▶▶▶
寶寶非常喜歡模仿大人，什麼都想模仿。因為漸漸會說「媽媽」等簡短的詞彙，所以大人要積極地跟寶寶說話，進行溝通交流。

照顧的方法

- 母奶1天5～7次，配方奶220～300ml，1天5次左右。差不多該開始準備讓寶寶斷奶了。
- 副食品1天3次。用手抓食的現象越來越常見，但是不要阻止寶寶，讓他去體驗。
- 為寶寶準備第一雙鞋。

身體

▶▶▶
手指變得很靈活，能夠以拇指和食指熟練地捏起東西。將可以捏起的食物裝在盤子中，寶寶就會捏起來放入口中自己進食。

▶▶▶
完成爬行後，接下來會用手搭在家具等東西上，一邊抓著一邊站起來。從那裡交替踏出腳步，這就是開始扶走的時期。

遊戲的目標

- 移動的範圍擴大。
- 對遊戲變得很著迷，就算一個人也可以很專注。
- 叫喚寶寶的名字時，他會迅速回頭看。

嘿喲，移動箱子

>>> 【培育身體】【道具】

玩法 準備大一點的盒子或箱子，裡面裝進少許玩具等增加重量。寶寶會用手搭著箱子的邊緣站起來，或是用手推著紙箱往前進。

遊戲的用意‧成長的能力

- 學會把重心放在紙箱上，隨著箱子移動。
- 認識空間，而且會轉換方向，也成了步行的練習。

重點

為了避免紙箱的邊緣割傷寶寶，要用膠帶貼起來。在紙箱中放入寶寶推得動、拉得動的適當重量。把房間的四周收拾整齊，方便寶寶移動。

玩具在哪一邊？

▶▶▶【培育心靈】【道具】

玩法 把玩具遮蓋起來，問寶寶，玩具在哪一邊的杯子裡面。在這之前，「蓋住的話就會消失」的想法，隨著成長，寶寶開始了解到「即使蓋住還是存在」。

1

事先準備2個杯子，在寶寶面前用其中一個杯子把玩具蓋住。

2

然後，從上方用布蓋起來。

···發育的跡象···

增強短期記憶

在哪一邊呢～？

3

拿掉布，問寶寶，玩具放在哪一邊的杯子裡面。

遊戲的用意・成長的能力

- 大約6個月大以後，就漸漸擁有短期記憶。
- 月齡再大一點，寶寶的手就會伸向正確答案那一邊。

重點

「咦？玩具變不見了呀？」、「玩具放在哪一邊呢～？」一邊提出問題，一邊引起寶寶的興趣。蓋上布之後，寶寶有點著急也沒關係。

膝蓋上上下下

>>> 【培育身體】

玩法 讓寶寶背對著坐在大人的大腿上，把手放在寶寶的兩側腋下，牢牢地支撐住他。讓寶寶從膝蓋上像溜滑梯一樣往下滑，接著再從下方往上拉起來。

遊戲的用意・成長的能力

- 讓寶寶在不穩定的膝蓋上保持平衡的遊戲。
- 讓寶寶體驗比地板還高的位置。

重點

對寶寶說「是溜滑梯耶～」、「再度上升喲～」之類的話。稍微加快速度，氣氛也會很熱烈。

水瓶遊戲

》》》【培育身體】 【道具】

玩法　依照下方的作法製作出水瓶之後，可以往杯子裡假裝倒水，或滾動它，或搖晃它，然後觀察瓶中的小珠子等流動的樣子，可以體驗各種玩法。

作法

1

在空的小寶特瓶中放入小珠子、彈珠，或亮片。

2

加入水之後鎖上瓶蓋。以黏著劑固定之後，再用絕緣膠帶纏繞。

遊戲的用意．成長的能力

- 在眼睛看到的瞬間下判斷、動手的協調訓練。
- 對於漂浮在水中的東西、閃閃發亮的東西感興趣。

重點

也可以每次增減寶特瓶中的水量，改變重量。此外，在水中拌入洗濯糊，讓水帶有黏性，內容物就會慢慢掉下來，比較容易吸引寶寶的注意。建議最好使用小型寶特瓶。

來～過山洞

▶▶▶【培育身體】【培育心靈】

玩法 寶寶開始會跟隨在大人後面的時候，大人稍微往前一點，打開雙腿，從雙腿之間露出臉來，出聲呼喚寶寶。寶寶爬到兩腿之間時，大人要鼓勵他從腳下鑽過來。

遊戲的用意・成長的能力

• 寶寶跟隨在大人身後變得頻繁的時期，將它視為一個成長階段，轉變成遊戲吧。

重點

一旦寶寶看不見一直待在身旁的大人的臉，就會變得不安。大人要從兩腿之間確實讓寶寶看見臉孔。

學習打招呼

>>> 【培育心靈】

玩法 與寶寶相對而坐，跟寶寶說一些簡單的詞彙，例如「你好」、「嗨～」、「bye-bye」等等，並且加上手勢給寶寶看。接著，寶寶自然會模仿相同的動作。

好可愛～ ♡

你好！

嗨！

鞠躬

鞠躬

沙

沙

...發育的跡象...
模仿大人的動作

遊戲的用意‧成長的能力

- 此時期大人重複動作的時候，寶寶會開始模仿。
- 變得會仔細觀察大人的模樣。

重點

即使寶寶不模仿也請不要勉強，硬是逼他做。會不會模仿因人而異，所以寶寶出現模仿行為時，不妨試著玩玩看吧。

往下拉，出現了

>>> 【培育身體】【道具】

玩法 把玩具吊飾掛在寶寶伸手就摸得到的高度。請掛在牆壁或床的欄杆等容易把玩的地方。拉扯鬆緊帶時露出動物的臉，寶寶就會非常開心！

可

用力拉

作法

1

利用紙或布做出動物的臉孔和把手。裝上鬆緊帶之後，綁在衣架上。

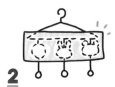

2

為了隱藏動物的臉孔要套上遮罩（手帕或毛巾）。把衣架掛在寶寶的手摸得到的高度。

遊戲的用意‧成長的能力

- 寶寶會站立之後，視野擴大，感興趣的對象也會變多。
- 藉由促進寶寶想碰觸的心情，提升扶走的意願。

重點

因為寶寶還不懂如何調整力道，所以有時候會猛力地拉扯。為了避免吊掛的衣架掉下來，要牢牢地固定住，而且不要將視線從寶寶身上移開。

球球滾滾

▶▶▶【培育身體】

玩法 在寶寶站著的時候，大人把球朝寶寶的兩腿之間緩緩滾過去。因為是能夠從容接住球的速度，所以寶寶會彎腰想要抓住球。

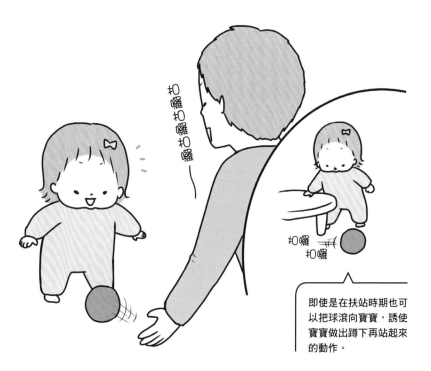

咕嚕咕嚕咕嚕

咕嚕咕嚕

即使是在扶站時期也可以把球滾向寶寶，誘使寶寶做出蹲下再站起來的動作。

遊戲的用意・成長的能力

- 此階段可以開始玩球。首先教寶寶滾球、抓住球的動作吧。
- 促使寶寶在扶站之後做出「蹲下再站起來」的動作。

重點

雖然大人和寶寶要互相傳球還很困難，但是寶寶抓球的動作做得很好時，要對他說：「很棒！傳到這裡來。」促使寶寶做出滾球的動作。

撲通掉進洞裡！

▶▶▶【培育身體】【道具】

玩法 用刀子把塑膠容器的蓋子切割出孔洞，尺寸要符合欲放入東西的大小。寶寶是否能配合孔洞的大小，靈巧地讓東西撲通掉進洞裡呢？

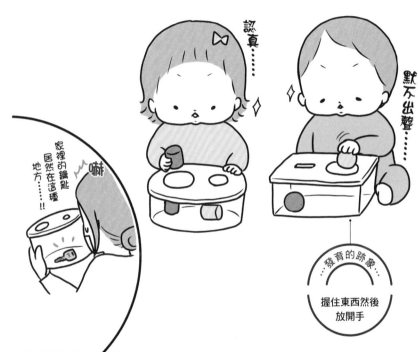

認真……

默不出聲……

家裡的鑰匙居然在這種地方……!!

嚇

發育的跡象
握住東西然後放開手

遊戲的用意・成長的能力

- 將握在手中的東西放進孔洞中，放手讓東西掉落的遊戲。
- 促進眼手更加協調。

重點

孔洞要用銼刀磨得平滑一點。剛開始，孔洞和要放入的東西都要稍大一點，等寶寶熟練之後，再使用稍微小一點且較薄的東西。接下來則是挑戰立體鑲嵌拼圖等等！也可以用紙箱製作。

請給我，請拿去

▶▶▶【培育心靈】

玩法	與寶寶面對面，說「請拿去」時把玩具等遞給寶寶，說「請給我」時則伸出手接下玩具。說「謝謝」後低下頭等等，你來我往的互動遊戲。

請拿去！

請給我。

這時候……

企！

（請拿去）

遊戲的用意‧成長的能力

- 此時期會玩「請給我」、「請拿去」的「授受遊戲」。
- 字彙和動作連動，培養記憶力。

重點

剛開始即使寶寶會收下玩具，有時候也會發生不遞出去，無法做出「請拿去」的情形。重複示範給寶寶看，寶寶自然就會學會。

捉迷藏，哇～

>>> 【培育身體】【培育心靈】

玩法 在室內玩的小型捉迷藏遊戲。在寶寶尋找爸爸、媽媽的時候，爸媽迅速躲到門後等暗處。寶寶因不安而開始追時，爸媽就說著「哇～」露出臉來。

遊戲的用意・成長的能力

- 請善加利用寶寶「跟隨在後」的時期，進行交流互動。
- 有的寶寶看不見爸媽的身影時會哭泣。這時候，要立刻去抱住寶寶。

重點

如果寶寶似乎找不到爸媽，為了避免不安的時間太長，爸媽要早一點發出聲音跟寶寶說：「在這裡喲。」爸媽露出臉的時候，請注意別讓寶寶驚嚇過度。

抓～住手指頭

>>> 【培育心靈】

玩法 在寶寶的視線稍微前面一點的地方，豎起食指說「抓～住手指頭」之後，讓寶寶抓住手指。一開始也可以先說：「要做○○的孩子～」

遊戲的用意・成長的能力

- 這個時期，即使指著遠方的東西給寶寶看，他也不太懂，只是看著大人的手指頭。
- 會配合大人的指令抓住手指頭，依照這樣的規則玩得很高興。

重點

在要開始做什麼事，或尋找喜歡的東西等情況下，發出有快樂的事情要發生的信號，就可以讓寶寶變得很興奮。

還有還有！

０歲的遊戲

吐舌頭 >>>【一直在睡覺的時期】

玩法　製作舌頭會動的面具，在寶寶的面前讓面具的舌頭一吞一吐，寶寶有時候會模仿面具把舌頭伸出來。

重點

不只是面具，大人實際吐出舌頭後再縮回去，寶寶有時候也會同樣伸出舌頭。寶寶學會模仿之後，要稱讚他：「好棒啊！」

浴巾吊床晃呀晃
>>>【脖子變硬的時期】

【玩法】讓寶寶仰躺在攤開來的浴巾上面，大人則緊緊抓住浴巾的兩端，慢慢地搖晃。
【重點】要在寶寶的脖子確實變硬之後才能玩。盪來盪去的感覺能讓寶寶心情愉快，同時還能培養平衡感。一邊說著「盪來盪去喲」一邊搖晃寶寶。

來看相同景色吧！
>>>【一直在睡覺的時期】

【玩法】大人在仰躺著的寶寶身旁也臉朝上仰躺，與寶寶一起看著他正在看的東西。
【重點】湊近寶寶的臉會讓氣氛變得親密。與寶寶一起看著他正在看的景色，說不定大人也會有意外的發現。轉換成寶寶的心境一起欣賞吧。

換尿布時的
橋梁遊戲

▶▶▶【會扶站的時期】

【玩法】寶寶的腰和腿結實起來之後，在換尿布時，有時會把身體往後彎，有時則會扭動身體。這時候，大人可用手扶著寶寶的腰玩橋梁遊戲！

【重點】長大一些之後，寶寶也變得會自己把屁股抬高等，配合大人換尿布。即使寶寶亂動，很難安撫的時候，也可以請寶寶「搭座橋試看看吧」，藉著遊戲，說不定寶寶就會安靜不動了。

窸窸窣窣，
嗶嗶剝剝

▶▶▶【脖子變硬的時期】

【玩法】把塑膠袋揉成一團，發出窸窸窣窣的聲音，或是握住寶特瓶，發出嗶嗶剝剝的聲音，讓寶寶聽這些聲音。

【重點】不知為何，寶寶非常喜歡聽塑膠袋或寶特瓶製造出來的聲音。寶寶哭鬧或是心情不好的時候，也可以讓他聽這個聲音，有時候寶寶就會停止哭泣。寶寶也很喜歡把紙揉成一團時發出的沙沙聲。

家中探險隊！ ▶▶▶【一直在睡覺的時期】

玩法

大人穩固地撐住寶寶的脖子，橫抱在懷中，在家裡面繞來繞去到處探險。一邊說著「這是小熊玩偶喔」之類的話，一邊在家裡到處走動。

重點

對於寶寶目不轉睛盯著看的東西，例如會晃動的東西和會映照出自己的鏡子等，大人要說很多話來教導他。一邊說話一邊走動，藉此刺激寶寶的好奇心。

爸爸媽媽的演唱會

>>> 【會坐的時期】

玩法

在寶寶的正前方，面對面唱歌給他聽。什麼歌都OK。如果寶寶有喜愛的節奏或字彙，大人不妨重複唱給他聽。

重點

6個月大之後，寶寶對聲音變得更敏銳，喜愛音樂的寶寶也變多了。如果是最愛的爸爸、媽媽的歌聲，那就更加喜歡了。隨著漸漸長大，寶寶也會配合節奏搖晃身體。

這首歌在結婚典禮時用過呢……

聽聽繪本的聲音

>>> 【會坐的時期】

【玩法】寶寶0歲時期，與其讓他欣賞故事情節，還不如選擇內容有「軟Q軟Q」、「砰！」等擬聲詞或擬態詞的繪本，讀給寶寶聽。

【重點】寶寶還很難理解故事的時期。大人可以說一些「看起來好好吃！」、「好漂亮啊」之類的話，或是以誇張的語氣念故事給寶寶聽，一起享受聲音的節奏和音效吧。

對肚子吹氣噗噗噗～

>>> 【脖子變硬的時期】

【玩法】把嘴巴貼在寶寶的肚子上面，「噗噗噗～」地吹氣。也可以在換尿布或換衣服等時候做這個動作，隔著衣服吹氣也OK。

【重點】差不多在脖子變硬之後，逗弄寶寶時，他漸漸會高聲大笑。這是一直到2、3歲大都可以玩的遊戲。建議可以在照顧的空檔等時候當作親子互動交流之用。

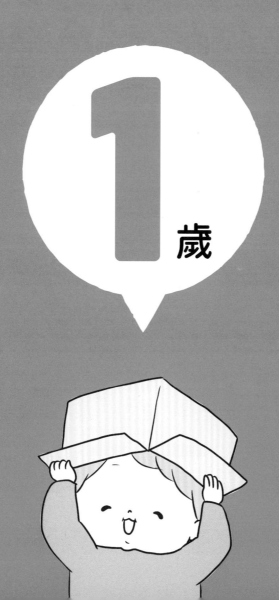

1歲
的時期

DATA 幼兒資料（1歲時）

身高		體重	
▶男童	70.3~90.7㎝	▶男童	7.68~13.69㎏
▶女童	68.3~89.4㎝	▶女童	7.16~12.90㎏

（因人而異）

到1歲6個月大之前，大部分的幼兒都會走了，也開始斷奶。會以簡短的單詞表達意思或感情，會將積木堆高、倒空杯子的水等等，是成長跡象很顯著的時期。

心靈

自我主張、獨立心變強，發展出什麼事都想自己做的心情。如果不能按照自己的意思去做，有時也會大發脾氣，拳打腳踢。

變得能夠仔細聆聽大人的話，理解內容。雖然話還說不清楚，但是會努力地模仿聲音，想傳達意思，所以大人要盡量回應孩子。

照顧的方法

- 副食品漸漸固定為1天3次。1歲之後喝牛奶也OK。
- 1歲後，尿尿的間隔約變成2小時以上，就可以開始進行如廁訓練了。

身體

從扶走變成自己一個人可以很穩定地走路。但是，因為還沒有足弓，所以是用整個腳底啪嗒啪嗒地走，有時會跌倒，請多加留意。

圓滾滾的嬰兒體型隨著活動量漸增，變成精瘦的體型。皮下脂肪減少，肌肉漸漸增多。腰和腿變得結實，能夠時而站立時而蹲下。

遊戲的目標

- 會走路之後運動量增加，要積極地讓孩子去戶外玩。
- 模擬遊戲（角色扮演的遊戲）增多。
- 配合活潑的動作，穿著方便活動的服裝。

穿鞋子外出，GO～

>>> 【培育身體】【戶外遊戲】

玩法 變得會站立之後，就可以穿上鞋子外出去玩。在初次外出玩耍之前，先讓孩子穿上鞋，走去陽台或草地等處，讓他熟悉一下。

陽台

草地

先在家中練習！

遊戲的用意・成長的能力

- 會扶走之後，變得可以自己一個人站立。
- 掌握穿鞋的感覺，以及學會外出時要穿鞋的生活步驟。

重點

在會站的時期穿上的第一雙鞋，尺寸要稍微寬鬆一點，好讓孩子的腳趾能夠活動。太早準備的話，尺寸可能會不合，請多加留意。

嗨，擊掌！

▶▶▶【培育心靈】

玩法 大人出聲說「嗨，擊掌！」之後，將手掌朝向孩子，與孩子的手掌啪地合在一起。

嗨，擊掌！

啪

聽得懂大人說的話之後。好可愛。小手手也好可愛♡ 太棒了！

不久，自己伸手……

擊、擊！

越來越可愛了……♡

遊戲的用意・成長的能力

- 將詞彙與動作結合在一起。
- 讓親子進行身體接觸，建構彼此的信賴關係。

重點

重複地說出「嗨，擊掌！」孩子也會漸漸主動伸出手掌，與大人的手掌相合。

起砰翹翹板

>>> 【培育身體】

玩法 讓孩子仰躺在地板上，握著孩子的雙手，兩人面對面，「起」的時候輕輕拉起孩子的手，「砰」的時候把孩子慢慢放回地板上。把孩子放在大人的兩條腿上面玩也OK。

砰

起

也可以在膝蓋上玩

遊戲的用意・成長的能力

- 因為身體的肌肉變結實了，翹翹板遊戲可以玩得很順暢。
- 鍛鍊腹肌和背肌。

重點

拉起及放下的節奏要放慢。如果突然用力拉起的話，有時候孩子的肩膀或手肘的關節會脫臼，或是對脖子造成傷害，要多加留意。

走到這裡來

▶▶▶【培育身體】

玩法　大人蹲在孩子的正面，從稍微隔了一段距離的地方叫喚孩子：「小〇〇，走到這裡來。」促使孩子走過來。孩子走路的時候，最好是打赤腳。

屁股……

撲通

走到這裡來

走到這裡來

即使摔得屁股著地也不要立刻出手幫忙，請守護孩子「好想走路！」的心情吧。

遊戲的用意・成長的能力

- 用言語鼓勵孩子，可以提高他走路的意願。
- 讓孩子理解「走到這裡來」這個指令的意思。

重點

孩子走起路來還不穩定，即使撲倒，大人也只在伸手可及的距離叫喚他。像地毯之類有少許高低差的環境都可能把孩子絆倒，所以請注意安全，最好在平坦的地板上行走。

落葉遊戲

▶▶▶【培育心靈】【戶外遊戲】

玩法 秋天有落葉的時候，可外出前往公園等處，把落葉裝進透明塑膠袋中。搖晃落葉，傾聽咔沙咔沙的聲音，或是舉高塑膠袋，透過光線欣賞繽紛的顏色，讓孩子親近大自然。

遊戲的用意．成長的能力

- 體驗落葉的聲音、顏色和觸感等，刺激孩子的五感。
- 讓孩子親身感受秋季特有的氣息和香味吧。

重點

大人用雙手捧著落葉，啪地拋向空中，讓孩子沐浴在飄下的落葉中。踩著咔沙咔沙作響的落葉，也是欣賞聲音的方法。

穿過繩子

▶▶▶【培育身體】【道具】

玩法 把捲筒衛生紙或是保鮮膜的紙軸等筒狀物切成短短一節，再把較粗的繩子穿過去的遊戲。事先將繩子的兩端用膠帶等加強變硬之後，就會比較容易穿過孔洞。

發育的跡象
捏著繩子
穿過孔洞
認真！
認真！
集中精神時
為什麼會
噘嘴呢……？

遊戲的用意・成長的能力

- 培養孩子指尖的靈巧度和專注力。
- 會仔細觀察東西之後，調整手指的力氣。

重點

熟練之後，換成稍微細一點的紙筒和繩子，遊戲就會變難。如果是橡皮水管等細窄的筒狀物，為避免穿過去的繩子最後脫落，要在繩子的單側打結，讓繩子卡在洞口。

積木堆高高

>>> 【培育身體】【道具】

玩法 在地板上放幾個積木，大人示範往上堆高給孩子看。把積木推散之後，換孩子模仿大人的動作，把積木往上堆高。

好棒

也可以堆疊杯子

⟨發育的跡象⟩
會抓著東西輕輕地放置

遊戲的用意・成長的能力

- 能夠一邊運用眼睛觀察，一邊調整捏取的感覺進行動作。
- 在這之前只會推倒積木（→P.75），現在能夠把好幾個積木疊起來。

重點

剛開始即使模仿大人的動作，有時候還是會發生因為用力壓積木而倒塌的情況。示範「輕輕放置」的動作給孩子看。

拼貼白板

>>> 【培育身體】【道具】

玩法　將磁性白板設置在壁面等處，高度是孩子站著時剛好手摸得到的地方。貼上幾個動物之類的磁鐵，就可以玩拔下來再貼上去的遊戲了。

購物清單

孩子摸不到的地方
也有效利用……

?

遊戲的用意・成長的能力

- 執行捏取、拉扯、貼上再拔下等指尖的精細動作。
- 使用到從肩膀到整隻手臂的肌肉。

重點

為了避免孩子把要貼在白板的磁鐵放入口中吞下去，請注意磁鐵的尺寸。遊戲結束之後，要把磁鐵收起來。

瓶蓋轉轉轉

▶▶▶【培育身體】【道具】

玩法 準備幾個附有瓶蓋的果醬和護手霜等的空瓶。大人轉開瓶蓋給孩子看，孩子模仿大人的動作就能順利地轉開瓶蓋。

發育的跡象…

變得很擅長扭動手腕

小花花好厲害！

哇

舔舔

BOTTLE　護手霜　JAM

遊戲的用意・成長的能力

- 在遊戲當中體驗「自己就做得到」的樂趣。
- 扭動手的動作會帶來新發現。

重點

在空的容器中裝入玩具，可以增添打開瓶蓋的樂趣。請勿使用寶特瓶等瓶蓋較小的容器，避免孩子把瓶蓋放入口中。

報紙撕碎碎

▶▶▶【培育身體】【道具】

玩法　準備一些報紙，對孩子說：「那些報紙，想怎麼玩就怎麼玩！」大人示範給孩子看，孩子立刻就會撕碎報紙，或是把它揉成一團。

嘩

收拾起來很可怕…… 一起加油吧！

吞口水……

···發育的跡象···
手指能夠執行
精細的動作

撕　撕

遊戲的用意・成長的能力

- 提高眼手協調的能力，能夠執行各種不同變化的動作。
- 撕碎、揉成一團、到處亂扔等動作的幅度擴大，培養積極性和自主性。

重點

一開始孩子只會把報紙往橫向拉扯，有時無法順利撕開。可以把報紙剪出一些缺口，或是示範如何撕報紙給孩子看，孩子就會把動作學來。

蠟筆畫圈圈

▶▶▶【培育心靈】【道具】

玩法 準備大一點的紙張和蠟筆等前端不尖銳的筆，讓孩子第一次在桌子上塗鴉。一開始先教孩子拿著蠟筆等繪圖工具，學習如何移動作畫。

發育的跡象…

控制手臂的力量

咚 咚

轉圈

轉圈

也可以鋪一張很大的紙！

哇一！

嘻一！

遊戲的用意・成長的能力

- 可以握著蠟筆，在紙上畫出一點一點之類的塗鴉。
- 還畫不出來也OK。重要的是孩子可以隨心所欲地活動手部。

重點

等孩子再長大一點，才會區分使用顏色。如果孩子滿足於只用一個顏色也沒關係。為了避免弄髒，把服裝和環境準備好之後才開始玩。

好多好多臉

▶▶▶【培育心靈】【道具】

玩法　由大人親手製作的布繪本，可以欣賞各種表情的臉孔。大人一邊翻動頁面，一邊說：「笑嘻嘻的喲。」同時露出同樣的笑容讓孩子看。

作法

1

準備四方形和圓形（臉孔用）的不織布。畫出各種不同表情的圓形臉孔（※用筆描繪，或是裁剪不織布貼上去都OK）。

2

把**1**的臉孔用黏著劑貼在四方形的不織布上，拼縫成風琴摺頁，做成繪本。

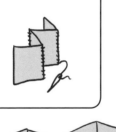

遊戲的用意‧成長的能力

- 記憶力增強的時期。不斷地記下體驗過的事情、看過的東西，累積在腦海裡。
- 看了臉孔的表情之後，能夠理解那個情緒。

重點

「這張臉是什麼心情呢？」、「他在哇哇大哭耶。好乖好乖，不哭了。」大人說著這類的話，讓孩子發展自己的想法。外出時把這個繪本帶在身上也很有幫助。

拿出來‧放進去

▶▶▶【培育身體】【道具】

玩法 孩子非常喜歡盒子等容器。準備四方形和圓筒形等各種不同的盒子，排列在一起，孩子就會忙碌地把東西裝進去又拿出來。

...發育的跡象...

了解把東西
拿進拿出等的
兩面性

既然如此，
就裝進這裡......

收納
BOX

遊戲的用意‧成長的能力

- 在此之前孩子主要的動作都是拿出東西，現在變得會再把東西放入盒子中，了解這樣才能再拿出東西。

重點

這是教導孩子「拿出東西之後，要收拾整齊」的機會。請大人說聲「來收拾吧！」然後展現愉悅的情緒一起收拾東西。

打電話喂喂喂

▶▶▶【培育心靈】【道具】

玩法　不知為何，孩子對於大人使用的電話總是很感興趣。除了玩具電話之外，也可以把長方形的積木貼著耳朵當成電話來玩，不論從前或現在，假裝打電話都是必玩的遊戲。

電話聽筒的位置大致上都很奇怪

喂喂

喂

…發育的跡象…

變得會模仿大人的言行

遊戲的用意・成長的能力

- 使用道具的模仿遊戲可以提升孩子的想像力。
- 藉著模仿大人的遊戲，學習各種不同的事情。

重點

電話遊戲有時可以一直玩到3歲左右。當孩子沉浸在自己的世界時，大人不要干涉他，讓他自己玩吧。

紙盒帽子

>>> 【培育身體】【道具】

玩法 準備與孩子頭部尺寸相當的空盒,像帽子一樣戴在頭上玩。大人不要幫忙,在一旁守護孩子,讓他自己戴到頭上。

遊戲的用意・成長的能力

- 學習如何掌握把盒子翻面後,放到頭上的距離感和方向感。
- 讓孩子把手腕伸到比兩臂和肩膀更後面的方向。

重點

袋狀的東西,或是會覆蓋住整張臉的東西都很危險,請慎重檢視要戴在頭上的東西。

腳丫、腳丫、小鴨鴨

▶▶▶【培育身體】【兒歌】

玩法 與孩子面對面，握住雙手。讓孩子的雙腳踩在大人的腳背上，大人一邊唱歌一邊像踩高蹺一樣前後走動。

♪
腳丫腳丫　小鴨鴨
對準腳跟　當目標
（日文歌名：あしあしあひる）

腳丫腳丫小鴨鴨♪

面對面

只牽手

背對著

遊戲的用意・成長的能力

• 讓孩子一邊練習走路，一邊搭配拍子玩遊戲。
• 熟練之後，變得可以右腳、左腳移動重心走路。

重點

除了面對面之外，讓孩子背對著大人也OK。不踩在大人的腳背上，而是牽著手一邊唱歌一邊走等，換個方式也很有趣。

百寶袋

>>> 【培育身體】【道具】

玩法 　準備孩子專用的手提袋，把玩具等東西裝進去再拿出來的遊戲。一邊不斷摸索要放入的東西的數量和大小，一邊用單手提著袋子走路。

遊戲的用意・成長的能力

- 走路漸漸穩定之後，走動的遊戲變多了。
- 即使手肘上掛著袋子走路，也能夠一邊保持身體的平衡，一邊筆直地往前走。

重點

可以的話，請盡量使用手容易提拿的布製提袋。塑膠提袋，或是可能會把整個頭套住的袋子，如果不小心覆蓋在頭上會發生窒息的危險，請避免使用。

模仿動物

▶▶▶ 【培育身體】【培育心靈】

玩法 大人一邊發出動物的叫聲或是說出動物的名稱，一邊誘導孩子模仿動物。還可以加上動作和手勢，試著徹底變身成動物吧。

汪汪！

汪汪！

扭動扭動～

扭

點頭 點頭

點！ 點！

點頭

發育的跡象

更加擅長模仿大人的言行

遊戲的用意·成長的能力

- 叫聲和動作要使用孩子容易發音的單詞，促進語言的表達。
- 專注地仔細觀察大人的動作，進行模仿。

重點

「蛇會扭來扭去地移動身體喲。」大人像這樣一邊說明動作一邊玩，可以擴展孩子認識的詞彙。

砰砰敲樹幹

>>> 【培育身體】【戶外遊戲】

玩法 外出到公園散步時,試著用手觸摸樹幹。撫摸它或是輕輕敲它,大人也一起觸摸樹幹,與孩子一同體驗那是什麼樣的觸感。

遊戲的用意・成長的能力

- 請告訴孩子樹幹的粗細和溫暖、樹皮的模樣。
- 不妨試著找出各式各樣不同種類的樹木。

重點

有時候樹皮會剝落,為了避免手被刺傷,請大人仔細檢查之後才讓孩子去觸摸。

用水桶裝水

▶▶▶ 【道具】【戶外遊戲】

玩法 以牛奶盒做成水桶，用來玩水。只要反覆地裝水倒水，孩子就很滿足了。到戶外或在浴室裡玩吧。

作法

1

剪開牛奶盒的上部，留下成為水桶提把的部分，其餘剪掉。

2

將提把在上方用釘書機固定之後，纏繞膠帶。

有替換衣物！玩吧～!! Go!

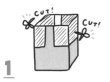

嘻

嘩啦

遊戲的用意・成長的能力

• 即使拿著有點重的東西，也變得可以穩定地行走。
• 孩子藉由非常喜歡的「容器」，學會各種不同的動作。

重點

牛奶盒的重量輕又防水，非常適合戶外遊戲。提把做成2層的話，孩子比較容易提握。

請拿〇〇

>>> 【培育身體】【培育心靈】

玩法　在隔了一小段距離的地方，放置孩子喜歡的玩具等東西，大人說：「請拿〇〇。」並用手指著那樣東西。

一也能應用在幫大人的忙！

發育的跡象⋯

看著用手指示的方向

遊戲的用意・成長的能力

- 在1歲左右，大人用手指向某處時，孩子的視線只看得到手指，但漸漸地視線會隨著手指向的地方延伸，能夠看得更遠了。

重點

孩子拿東西過來時，要好好誇獎他一番。下次也可以試著請孩子真的「幫忙」去拿東西。

橡果沙鈴

>>>【戶外遊戲】【道具】

玩法 | 秋天時，在樹林或公園等處一起撿拾橡果吧。把橡果裝進空的寶特瓶中，瓶蓋用黏著劑和絕緣膠帶牢牢地固定住，製作成沙鈴。

撿拾橡果

有了！

撿了好多啊！

咔啦

咔啦

咔啦

咔啦

做成沙鈴！

遊戲的用意・成長的能力

- 感受戶外空氣的氣味，以及橡果、枯葉的觸感，刺激五感。
- 親子一起撿拾東西帶回家，做成玩具，擁有共同的回憶。

重點

有時橡果裡面會有蟲，撿起來之後要裝進塑膠袋中，放入冰箱冷凍2晚再做成玩具，就可以放心了。

滾球扔球

▶▶▶【培育身體】【道具】

玩法 與孩子面對面，玩滾球或扔球的遊戲。大人對孩子說：「丟來這裡。」孩子朝著目標挑戰扔球也很有趣。

遊戲的用意・成長的能力

- 在會扶站的時期，還無法靈巧地抓住球，但是到了這個時期，就可以直接站著抓住球，用雙手扔出去。

重點

表面容易滑手的球、彈跳力太強的球，對孩子來說還很難操控，所以請選擇容易玩的寶寶皮球。朝著目標直直地把球滾過去很難，所以即使歪斜也不要在意。

捏開曬衣夾

▶▶▶【培育身體】【道具】

玩法 在孩子衣服的前面夾上幾個曬衣夾，讓孩子自己拿下來的遊戲。事先夾在裁成圓形的布或紙上，讓孩子拿下來也OK。

⋯發育的跡象⋯

捏住
然後壓緊

這裡也
麻煩你!

遊戲的用意‧成長的能力

- 能夠將「捏住」、「壓緊」這兩個動作同時完成。
- 手指可以直接用力、移動曬衣夾。

重點

為了讓孩子能輕易取下曬衣夾，淺淺地夾在衣服上就好。請注意別讓孩子夾到自己的手指頭。

一個個並排

▶▶▶【培育心靈】【道具】

玩法　一般人都認為「積木就是要堆疊的東西」，但在孩子的成長過程當中，也可以是橫向排列的玩具。大人幫孩子把薄的積木排成一列，像推倒骨牌一般玩積木。

哦⋯！

開始囉

味嗒嗒嗒

大人排好之後
像推倒骨牌那樣玩♪

⋯發育的跡象⋯

不只堆疊，
也可以並排

遊戲的用意・成長的能力

• 雖然打算疊高1～2層，但是比起疊高，橫向排列更能提升專注力和思考力。
• 發揮想像力，享受排列積木的樂趣。

重點

也可以改用寶特瓶的瓶蓋或塑膠積木來取代。請注意別讓孩子把比積木還小的東西放入口中。

鑲嵌拼圖

▶▶▶ 【培育身體】【道具】

玩法 將裁切下來的圖形嵌入的自製拼圖。最初請從圓形或三角形、車子或心形等簡單的圖形開始吧。

▶ **作法**

1

準備2片不同顏色、質地較厚的不織布。

2

將其中一片以刀具裁切出圖形之後,重疊在另一片不織布上面,以黏著劑黏貼。

遊戲的用意・成長的能力

- 到了喜歡玩排列東西的時期,也漸漸會拼圖了。
- 認識形狀的差異,使用手指靈巧地嵌入圖形,體驗成就感。

重點

2片不織布的顏色採用對比色的話比較容易識別。使用市售的鑲嵌拼圖來玩當然也OK。

拍拍玩貼紙

»»»【培育身體】【道具】

玩法 撕下貼紙，用手拍打貼在紙板上的貼紙遊戲。最初從大貼紙開始玩起，熟練之後漸漸變成小貼紙。

遊戲的用意·成長的能力

- 以揭開、撕除、貼上的動作，促進手指的發育。
- 隨心所欲地貼貼紙，可以培養想像力和專注力。

重點

事先將貼紙的邊緣摺彎，孩子就能輕鬆撕下貼紙。此外，使用可重複黏貼的貼紙和紙板、貼紙書等就很方便。

棉被坡道

>>> 【培育身體】【道具】

玩法 把捲成圓筒狀的浴巾放入墊被下的幾個地方,打造出凹凸不平的道路。讓孩子走在墊被上。

發育的跡象

保持平衡地
行走

遊戲的用意‧成長的能力

- 即使會走了,因為孩子的頭比例較大,很難一邊保持平衡一邊行走。這個遊戲可用來訓練孩子走路走得更穩。

重點

打造一個有各種不同的高低落差,最後的終點是跳上大抱枕之類的有趣行程。為了讓孩子可以安全地行走,大人不要忘了在旁邊協助。

小幫手遊戲

>>> 【培育心靈】【道具】

玩法 把生活中總是由大人執行的工作，試著與孩子一起當成遊戲做做看。舉凡打掃、摺疊洗好的衣物、收拾零亂的東西等等，做什麼都OK。

遊戲的用意・成長的能力

- 這個時期，孩子特別喜歡模仿使用器具的工作。
- 練習當小幫手可以擁有與玩玩具截然不同的滿足感，培養孩子積極的心態。

重點

雖然家事由大人來做，速度比較快，但是讓孩子學習生活習慣的遊戲則另當別論，不要追求速度。當孩子說想要做，不要拒絕他，盡量讓他做。

釦子電車連起來

【培育身體】【道具】

玩法 做出好多個裝上按釦的不織布電車車廂，讓孩子隨意地把車廂連接起來。

作法

以不織布做成電車的車廂、車窗，用白膠黏貼組合，並在車廂的前後裝上按釦。

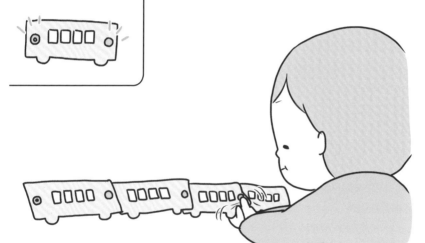

遊戲的用意·成長的能力

- 能夠把東西連接起來變長。
- 能夠用雙手的手指抓住按釦，扣合起來。

重點

男孩子非常喜歡電車等交通工具。女孩子則喜歡以花朵、魚、鴨子或蝴蝶結等主題圖案製作的東西。

上揚眼，下垂眼

玩法 　與孩子面對面，大人也一起一邊唱歌一邊玩吧。

1

上揚眼
用雙手的食指把眼尾往上拉。

2

下垂眼
接著把眼尾往下拉。

♪
上揚眼　下垂眼
咕嚕咕嚕　轉個圈
喵咪的眼

（日文歌名：あがり目、さがり目）

3

**咕嚕咕嚕
轉個圈**
從**2**直接由上往下轉動。

4

喵咪的眼
轉1圈半之後，再把眼尾往上拉。

遊戲的用意・成長的能力

- 這是能夠一邊唱著簡單的歌，一邊玩手指遊戲的時期。
- 做出貓咪以外有趣的表情，還可以培養發想力。

重點

拉動眼尾的速度要配合歌曲的拍子。「狸貓的眼」、「小○○的眼」、「眼鏡的眼」等等，唱到最後的歌詞時，變換臉部的表情可以讓氣氛達到高潮。

這是什～麼呢？

▶▶▶ 【培育心靈】【道具】

玩法 一邊看著繪本一邊聊著「這是什～麼呢？」、「貓咪在哪裡？」之類的話，與孩子交談。問孩子「貓咪的叫聲是什麼？」、「怎麼走路的呢？」等各式各樣的問題也很開心。

遊戲的用意・成長的能力

- 這是能夠儲存、提取記憶的時期。透過提問可以提升記憶力。
- 當孩子發現已經知道的東西時，會用手指出來或是說出名稱，表現出已經知道的事情。

重點

提問之後，如果孩子似乎不知道答案，大人可以給提示，或是告訴孩子：「這是小貓咪呀。」不只繪本，大人也可以自己畫圖，然後向孩子提出問題。

香蕉手帕

>>> 【培育心靈】【道具】

玩法　用手帕做成香蕉，說著：「嚼嚼，好好吃啊～」假裝在吃香蕉的遊戲。

作法

1

把手帕的4個角往正中央摺。

2

用手捏起集中在正中央的4個角，往上拉，用另一隻手握住下面。

3

往上拿起的部分變成4片香蕉皮，把它們一片一片地往外側剝開。

遊戲的用意‧成長的能力

- 把東西當作是某物來玩的「模擬遊戲」漸漸增多了。
- 把手帕當作香蕉，擴展想像力。

重點

只要有手帕，在哪裡都能玩的簡單遊戲。像小方巾那樣的厚毛巾不好塑形，所以請使用薄的布巾。香蕉皮由大人剝開或是由孩子來剝都OK。

132

舀得起來嗎？

>>>【培育身體】【道具】

玩法 把小沙包或小球等放入玩具盤中，讓孩子拿著湯匙、調羹或湯勺等把盤中的東西舀起來，移到另一個容器裡的遊戲。

掉在地板上的小球……

開動了～

請吃！

遊戲的用意・成長的能力

- 這時期漸漸能做出握著湯匙舀取、翻轉手腕再放進去的動作。
- 玩起扮家家酒遊戲，也會讓孩子對用餐的方法感興趣。

重點

扮家家酒遊戲在「模擬遊戲」中是男孩和女孩都很喜愛的遊戲。把舀起的東西假裝放在嘴裡「嚼一嚼」享用等等，請大人陪孩子一起玩吧。

穿過手或腳！

>>> 【培育身體】【培育心靈】【道具】

玩法　準備髮帶或髮圈、肚圍或護膝等，以鬆緊帶製成的環狀物，讓孩子把腳或手臂穿過去玩。

遊戲的用意・成長的能力

• 這可以成為穿衣服、穿襪子等著裝的練習。
• 雖然還不會自己穿脫衣物，但是可以一邊玩一邊掌握那種感覺。

重點

把腳穿過去的動作像在穿襪子，從頭部戴上去的動作像在穿衣服。但不要就這樣一直穿戴在身上，遊戲結束之後一定要把東西歸位。

毛巾泡泡

▶▶▶【培育心靈】【道具】

玩法 在浴室的浴缸裡，用小方巾包覆著滿滿的空氣，然後握住小方巾的下方，把它沉入浴缸的熱水中，氣泡便會咕嚕咕嚕地冒上來。

▶ **遊戲的用意・成長的能力**

- 在可以放鬆泡澡的時間，進行親子交流。
- 孩子對於不斷冒上來的氣泡會很感興趣。

▶ **重點**

讓孩子自己試試看，如果不能做得很好，大人就幫他握住毛巾的下方，以免空氣跑掉。用薄毛巾比較容易包覆大量的空氣。

練習跳跳

▶▶▶【培育身體】

玩法 　配合音樂，大人說「跳！」之後就跳起來。孩子也會模仿大人想跳起來，雖然腳還是沒離開地板，但有「打算」跳起來的想法就OK了。

媽媽喜歡的歌手所唱的歌曲♪

想要唱得很激昂……？

發育的跡象
膝蓋變得能夠伸展和彎曲

跳！

跳！

遊戲的用意・成長的能力

- 不管站立或蹲下，身體都能夠保持平衡。
- 孩子會想要伸縮膝蓋配合「跳！」的聲音。

重點

孩子還無法掌握跳躍的力道，一旦跳得太高，有時候身體會失去平衡。大人要站在可以立刻撐住孩子的位置。

換衣服繪本

>>> 【培育心靈】【道具】

玩法 翻開1片、2片時，動物的樣子會變化的「換衣服繪本」。不妨自己動手製作，嘗試各種不同的組合。

作法

1
準備2張大小相同但樣子不同的動物圖畫。其中一張裁切之後分成頭部、上半身、下半身。

2
把一端貼合成像繪本一樣，讓上面的頁面可以翻動。

好漂亮～

這樣的衣服和那樣的衣服……

做成修正版！

母親陷入沉迷的模式

遊戲的用意・成長的能力

- 自己翻頁，觀察圖案組合的差異。
- 開始會玩換衣服遊戲，可以提升想像力。

重點

試著多費點心思，使用男孩、女孩似乎分別會感興趣的圖案。事先做好幾本不同的版本，外出時也可以拿出來玩。

沙坑裡的小山

>>> 【培育身體】【戶外遊戲】

玩法 ── 雖然在會坐的時期就可以到沙坑去玩，但是到了這個時期，便會使用道具、隨心所欲地活動身體，同時把沙子堆成小山或是搬運沙子等等。

推薦另一個玩法是把沙子填進空的布丁杯等容器裡，然後脫模，或是玩家家酒遊戲。

遊戲的用意・成長的能力

- 能夠根據用途分別使用水桶和小鏟子等道具。
- 運用沙子，可以培養照著自己的想法表現出來的能力。

重點

在熟悉小鏟子的用法之前，舀起的沙子到處亂飛，有時候會沾到臉上。如果飛進眼睛或是嘴裡，孩子會想用自己髒掉的手去擦，請多加留意。

努力爬坡！

>>> 【培育身體】【戶外遊戲】

玩法 走上斜坡或坡道的遊戲。即使會擔心，大人也不要從後面撐住孩子，而是牽著孩子的手從旁協助他。

回去時 咻——！！

紙箱

發育的跡象

重心放在前面
走上斜坡

遊戲的用意・成長的能力

- 腳尖用力，重心放在前面，就會感覺比較容易走上斜坡。
- 配合斜坡的角度，試著想要保持身體的平衡。

重點

大人牽著孩子的手時，只要輕輕握住手指就可以了。在孩子掌握到自然地使用身體的方法之前，請盡量配合他的步調。

用手走路

▶▶▶【培育身體】

玩法 讓孩子四肢著地爬行，大人抓住孩子兩腿膝蓋上面的位置，把腿往上抬高。鼓勵孩子兩手交替往前伸出，向前移動。

遊戲的用意‧成長的能力

- 鍛鍊臂力、腹肌和軀幹。
- 下半身交給大人，只活動上半身部分。

重點

適合1歲後月齡較大的幼兒。孩子還不會運用手臂時，如果大人從後方往前推，孩子的臉會撞上地板。此外，要等孩子長大一點之後才可以抓住腳踝。

跳下高低差

▶▶▶【培育身體】

玩法 從高度大約10cm的地方往下跳！即使不用雙腳跳，每次只用單腳跳也OK。如果孩子不太敢往下跳，大人要握住他的雙手。

也可以抱著
腋下兩側跳起來

發育的跡象

保持平衡
跳下有高低差
的地方

遊戲的用意·成長的能力

• 培養平衡感。
• 培養「假裝有跳」或是「想跳」的意願。

重點

不要太過誘導孩子去做，請配合孩子的意願。對於有積極意願的孩子，可以抱著腋下兩側，讓孩子的身體稍微離開地面，享受跳躍的樂趣。

1 歲的遊戲

拉著紙箱走，GO！

>>>【會獨自小步快走的時期】

玩法 在紙箱裝上繩子以便可以拉著走，裡面放入玩具或填充玩偶。讓孩子拉著紙箱在家裡散步。

重點

為孩子準備專用的袋子或是箱子，就可以在裡面放入玩具來玩。拉著紙箱移動很好玩，孩子也漸漸變得可以和大人一起出門到處去玩。

假裝出門的遊戲

>>>【會站的時期】

【玩法】孩子穿上還沒在戶外穿過的鞋子，或是以報紙或不織布簡單製作而成的鞋子，帽子和提袋等也準備好，在家裡玩假裝出門的遊戲。

【重點】突然讓孩子穿上鞋子的話，有的孩子會不願意或是感到害怕。把這個遊戲當作為了真正出門去玩的練習，在家裡適應一下穿上鞋子的感覺。

祕密基地

>>>【會站的時期】

【玩法】準備一個紙箱做的房子，或是把浴巾或床單掛在椅子上，打造一個小小的祕密基地。

【重點】打造一個可以稍微躲開大人視線、專屬孩子的空間，孩子會很高興。甚至，如果留出窗戶或門的空間，樂趣更是倍增。大人一定要設法看著孩子，注意他是否正在做危險的事情。

換尿布的小幫手

▶▶▶【搖搖晃晃走路的時期】

【玩法】幫大人拿來尿布組合（尿布和濕紙巾等等），把換下來後包成一團的尿布丟進垃圾筒裡，諸如此類的小幫手遊戲。

【重點】請孩子幫忙的時候，也可以對孩子說：「換好尿布了！請把這個寶物放進藏寶箱裡。」讓孩子發揮想像力，享受互動的樂趣。

咚咚紙相撲

▶▶▶【搖搖晃晃走路的時期】

【玩法】把圖畫紙摺成一半，兩面都畫上相撲力士全身的側面，利用剪刀剪下來。把空箱子當作相撲場地，放上相撲力士，然後咚咚地拍打箱子的邊緣。先翻倒的一方就輸了。

【重點】改變相撲力士的大小或是紙張的硬度，增添一點變化也會很有趣。

影子遊戲

▶▶▶【搖搖晃晃走路的時期】

玩法

把房間弄暗，和孩子並肩仰躺下來。用手電筒或手機的燈光照向天花板，然後把手或物品放在光源前方，在天花板上投射出影子。

重點

把手或物品靠近燈光的話，映照出的影子會變大，拉開距離的話，影子會變小。可以組合手的形狀做出各種不同的動物，或是讓孩子看玩具或填充玩偶的影子。

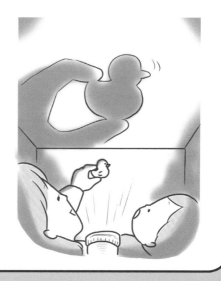

平常的道路變叢林

▶▶▶【搖搖晃晃走路的時期】

【玩法】把平日常走的道路當成叢林走過去。可以當作正在過橋，要提高警覺以免掉下去。

【重點】「穿過這裡的話就到森林裡了嗎？」、「小心不要遇到獅子」，大人邊想像著叢林的狀況邊對孩子說這類的話。在斑馬線上或車多的地方，請注意要停止遊戲。

嗶哩嗶哩～撕開魔鬼氈

▶▶▶【搖搖晃晃走路的時期】

【玩法】先把魔鬼氈剪成孩子好拿的長度。一開始大人要撕開魔鬼氈的邊緣一小段，以容易分開的狀態遞給孩子玩。

【重點】分開魔鬼氈的時候，「嗶哩嗶哩～」、「叭哩叭哩叭哩」的聲音和觸感很有趣，孩子會反覆玩好幾遍。較寬的魔鬼氈比起較窄的魔鬼氈更適合，並建議使用色彩鮮豔的魔鬼氈。

爸爸・媽媽控制器

▶▶▶【搖搖晃晃走路的時期】

玩法

事先在爸爸・媽媽的身體上分別貼上4～5張尺寸略大的貼紙當作按鈕。孩子按壓按鈕之後，大人要發出「嗶～！」、「啦啦啦～」等有趣的聲音。

重點

發出什麼聲音都無所謂，重點是孩子按壓按鈕之後大人一定要發出聲音，停止按壓之後就不出聲。孩子可以體驗到由自己來控制的樂趣。

2歲
的時期

DATA 幼兒資料（2歲時）

身高	體重
▶男童　81.1~97.4㎝	▶男童　10.06~16.01㎏
▶女童　79.8~96.3㎝	▶女童　9.3~15.23㎏

（因人而異）

獨立心、好奇心變得越來越旺盛。身高也長高了，運動能力也提升了。變得非常會說話，從使用2個單詞的句子變成「那裡，有，汪汪」這種3個單詞的句子。

心靈

ㄅㄨㄟˊㄠ!!

▶▶▶
自己的主張越來越強烈，開始進入不管什麼都說「不要！」的「不要不要期」。這是自我意識成長所造成的狀況，如果對什麼說不要，大人就奉陪吧。

▶▶▶
對於知識的好奇心變得旺盛，接二連三地發問：「什麼？」、「為什麼？」大人不要覺得麻煩，要傾聽孩子對什麼有問題，愉快地與他對話。

照顧的方法

• 從副食品改成幼兒餐。能夠靈巧地使用湯匙和叉子之後，再開始練習用筷子。
• 在大人的協助之下，開始練習換衣服。如果孩子說：「我要自己換。」就讓他自己做吧。

身體

▶▶▶
運動能力越來越強，會快走、奔跑、跳躍和跳著走。還會從半彎腰到站起來，以及從稍微高一點的地方咻地跳下去。

▶▶▶
平衡感很發達，會用腳尖站立或單腳站立。此外，能配合拍子活動身體等等，可以隨心所欲地控制身體。

遊戲的目標

• 孩子一個人玩得很入迷時，大人就悄悄地守護他吧。
• 為了學會社交生活，也可以多與朋友一起玩耍。
• 發揮想像力的模擬遊戲增多了。

模擬商店遊戲

>>> 【培育心靈】【道具】

玩法 決定店家和顧客的角色之後,在家裡玩模擬商店遊戲。把玩具當作商品,製作紙鈔和票券,試著實際重現做生意的情境。

…發育的跡象…

重現身邊周遭的生活情境

哪個便宜呢～?

這跟我平常說的話一樣!!

錢給你～

歡迎光臨!嗯!

遊戲的用意・成長的能力

- 使用身邊周遭現有的東西,利用想像力就能玩的模擬遊戲。
- 滿足「想要試試看和大人做同樣的事」的欲望。

重點

模擬商店遊戲和扮家家酒,在一般人的印象中是女生的遊戲,但是這個時期沒有男女生的差別,男生也興致勃勃地想要玩。

長蛇扭來扭去

>>> 【培育身體】【道具】

玩法　把跳繩或長繩當成蛇，跨過它或是跳過它來玩。把它直直地放在地板上，跟孩子說：「長蛇在睡覺喲。」或是讓它橫向扭動。

長蛇在睡覺喲～

醒來了！

扭動扭動扭動～！

嘻

···發育的跡象···

掌控使用身體的方法

遊戲的用意・成長的能力

- 為了不要踩到扭動的蛇，推測時間點，然後跳過去。
- 把繩索或細繩當蛇，在那個幻想中玩耍。

重點

如果有2個大人的話，用2條繩索或細繩來玩會增加難度。如果孩子不小心踩到繩子，大人要轉化成蛇的心情說聲：「好痛好痛！」

倒退走路

>>> 【培育身體】

玩法 挑戰倒退走路可以走多少步。大人站在孩子後面出聲加油，同時給予支援以防跌倒。

遊戲的用意・成長的能力

- 啟動與平常走路時不同的意識，移動身體。
- 一邊直直地往後走，一邊保持身體平衡，讓步伐穩定。

重點

孩子能夠倒退走路之後，跳躍也會變得很拿手。

150

麵粉黏土

▶▶▶【培育身體】【道具】

玩法 把麵粉黏土用手掌按壓、拉長,用手指捏、掐成小塊、扭轉之後,再集中揉成一團等等,有各種玩法,想怎麼玩就怎麼玩。

按壓

享受觸感

拉長

揉圓

作法

準備麵粉3杯、水1杯、鹽1/4杯、沙拉油少量。

1
混合水和鹽。

2
把麵粉放入缽盆中,再把**1**一點一點地加進去,揉合。

3
麵團變得大約像耳垂一樣柔軟之後,用手沾上沙拉油,然後搓揉麵團。

遊戲的用意‧成長的能力

- 培養手指的細膩動作和感覺。體驗黏土的重量和觸感。
- 發展成「想要做出什麼」的創造力。

重點

為了防止發黴和腐敗,保存時要包覆保鮮膜,放進冰箱中冷藏,可保存1週左右。此外,有的孩子對麵粉過敏,要改用米製粉製作,或使用市售的紙黏土。

抓尾巴遊戲

▶▶▶【培育身體】【道具】

玩法

在大人的褲子或裙子掛一條手帕或繩子等等，當作長長的尾巴，與孩子互相追逐的遊戲。如果孩子拔掉了大人屁股後面的尾巴就贏了。讓孩子裝上尾巴被追著跑也OK。

抓得到嗎？

等等——

晚上

走，去洗澡～

到現在都忘了？

拿下來——！！

...發育的跡象...
一邊調整動作
一邊奔跑

遊戲的用意・成長的能力

- 時而逃跑時而追趕，把手伸向尾巴，隨心所欲使用身體來玩遊戲。
- 體驗奔跑的樂趣。

重點

掛著尾巴的大人時快時慢地逃跑，最後讓孩子抓住尾巴，結束這場快樂的遊戲。因為要跑來跑去，所以請在孩子即使跌倒也很安全的寬敞地方玩。

用想像力堆積木

▶▶▶【培育心靈】【道具】

玩法 打散積木，孩子用積木組合成某個形狀之後，問他：「想做成什麼呢？」讓孩子運用自己的想像力玩積木。

馬桶。

超現實！

冰塊。

原樣！

…發育的跡象…

擴大想像的世界

遊戲的用意・成長的能力

- 孩子會堆疊積木再推倒，想要堆出自己想像的東西。
- 只需追加少許動物玩具等等，就可以在更豐富的想像世界裡玩耍。

重點

孩子默默在玩的時候，不要跟他說話，讓他投入自己的世界裡。

越過矮牆

>>>【培育身體】【戶外遊戲】

玩法 在外散步的時候，如果看到低矮的台階等等，讓孩子去走走看。跟孩子說：「下面是河川，掉下去就糟糕了！」之類發揮想像力的話。

遊戲的用意・成長的能力

- 培養平衡感，學會認識空間。
- 以使用身體的「模擬遊戲」提升想像力。

重點

特別是男生，非常喜歡走過有點高度的地方。為了預防意外，請大人陪伴在孩子的旁邊。觀察孩子的平衡力，同時暗中給予協助。

團子蟲賽跑

▶▶▶【培育心靈】【戶外遊戲】

玩法

在公園潮濕的地方或花盆底下有團子蟲（鼠婦）。在塑膠盒等容器裡放入幾隻團子蟲，指定終點之後讓牠們賽跑。一起玩過之後，再把團子蟲放回原來的地方。

花盆底下

潮濕的地方

遊戲的用意·成長的能力

- 體會一經碰觸便會蜷縮成一團的團子蟲的趣味性。
- 對身邊周遭的昆蟲感興趣，可以拓展對大自然的興趣。

重點

團子蟲深受男孩和女孩歡迎。不過，喜歡昆蟲的終究還是以男孩居多，可以團子蟲為開端，接著擴展到對鍬形蟲、獨角仙感興趣。

相撲比賽勝負未定！

玩法 以跳繩或長繩圍成相撲場地，玩相撲遊戲。孩子使盡全力推大人時，大人喊著「勝負未定、勝負未定」來炒熱氣氛。如果不布置相撲場地的話，可以指定一條跨出去就輸了的界線。

來吧～

勝負未定！

遊戲的用意・成長的能力

* 鍛鍊下半身，培養平衡感。藉由推擠，可以掌握抵抗的感覺。
* 讓孩子對每場比賽都抱持興趣，意識到輸贏的意義。

重點

大人有時贏有時輸，與孩子一起享受比賽的樂趣。為了讓孩子即使跌倒也不會有危險，請在寬敞的地方玩。

今天的故事

▶▶▶【培育心靈】

玩法 在睡前的短暫時光，說故事給孩子聽吧。原創的小故事，或是回顧孩子一天的生活，以故事的形式講述也OK。

然後睡著……

入夢 香甜

遊戲的用意·成長的能力

- 提升聆聽力、想像力。
- 增加詞彙，學會表現力。
- 擁有親子的特別時間，能使孩子的精神穩定。

重點

雖說是講故事，也不用覺得很難。以孩子為故事主角，或是以每天發生的小事等為題材，就可以輕鬆地講述了。

保齡球遊戲

>>> 【培育身體】【道具】

玩法 把幾個空的寶特瓶立起來，從隔了一段距離的地方滾球過去，玩起保齡球遊戲。可以增加球瓶，或是把扔球的位置拉遠也OK。

小花花，丟～！

發育的跡象
學會掌握平衡感

父母也燃起熱情……

正有此意！

一決勝負吧！

遊戲的用意・成長的能力

• 想把球滾向瞄準好的目標。
• 隨著倒下的瓶數，體驗成就感。
• 培養身體的平衡感。

重點

選用孩子抱得住、尺寸稍大一點且柔軟的球。在作為球瓶的寶特瓶裡放入彩色紙，裝飾得五彩繽紛，也令人覺得心情愉快。

我是妖怪～！

▶▶▶ 【培育心靈】【道具】

玩法 蓋上棉被或床單，悄悄地躲起來，說聲：「我是妖怪～！」嚇嚇孩子。

好可愛……錯了！
好可——怕！

妖～怪～！

妖～怪～！

心動♡

遊戲的用意・成長的能力

- 讓孩子對於沒見過的「妖怪」，發揮想像力。
- 「嚇一跳」成了親子間有別於平時的樂趣。

重點

目的不是讓孩子感到害怕，而是想像著看不到臉只聽到聲音的妖怪，「是怎樣的妖怪呀？」、「是溫柔的妖怪嗎？」而滿懷期待。

想哭呢？想飛呢？

▶▶▶【培育身體】【兒歌】

玩法 一邊唱歌一邊開心跳躍的練習。最初從低的台子開始跳起吧。這也可以成為做運動之前的準備體操。

1
想哭呢
登上高10cm左右的
台子，彎曲膝蓋，
手往前擺動。

2
想飛呢
伸直膝蓋，手往後
擺動。將**1**～**2**再
重複一次。

♪
想哭呢　想飛呢
想哭呢　想飛呢
想哭的話　那就飛～！

（日文歌名：なこうか　とぼうか）

4
那就飛～！
從台子上跳下！

3
想～哭～
的～話～
將彎曲膝蓋與擺動
手臂的幅度加大，
同時將**1**～**2**重複
2次。

遊戲的用意・成長的能力

• 體驗配合歌曲活動身體的樂趣。
• 以屈伸、跳躍、著地這一連串的動
作進行全身運動。

重點

大人也在旁邊一起進行，示範給孩子看。
將雙手大幅度地前後擺動，壓低屈伸的姿
勢，演出飛躍的預備動作。

拔河比賽

>>> 【培育身體】【道具】

玩法 大人與孩子各抓著長繩或毛巾的一端，像拔河一樣互相拉扯。在地板上做記號，制定遊戲規則，只要踏出界線就輸了。

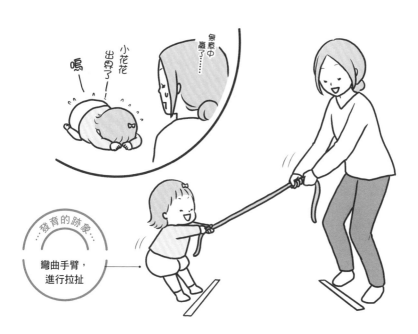

鳴～

小花花
出力了～！

無意中
贏了……

發育的跡象

彎曲手臂，
進行拉扯

遊戲的用意・成長的能力

- 學會彎曲手臂、身體向後倒，張開雙腳用力站穩的動作。
- 鍛鍊握力、腹肌、背肌、腳力。

重點

大人把孩子拉過來，偶爾被孩子拉過去，力道時強時弱。因為孩子用盡全力在拉動，所以大人千萬不要把繩子放開。

飯糰捏捏捏

>>> 【培育心靈】【道具】

玩法　初次簡單的烹飪體驗，試著自己製作迷你飯糰。準備各種不同的配料，捏好飯糰擺出來，開個飯糰派對！

作法

1
在盤子或砧板等上面鋪上保鮮膜，把米飯盛在正中央，再放上自己喜歡的配料。

2
拉起保鮮膜的4個角往中間集中，扭轉幾圈，把飯糰捏圓。

遊戲的用意・成長的能力

- 體驗自己做來吃的樂趣。
- 穿上圍裙或是綁上三角巾、洗手等等，接觸要做料理時的準備工作。

重點

從著裝到說我吃飽了，讓孩子學會飲食生活的基本，能夠快樂地用餐。用剛煮好的飯來包飯糰非常燙，所以請準備稍微放涼之後的飯來製作。

盆栽蔬菜

▶▶▶【培育心靈】【道具】

玩法 在花盆裡倒進泥土，種植蔬菜的幼苗。建議種番茄或沖繩苦瓜等不太需要費心照料的夏季蔬菜。請一起體驗觀察植物生長的喜悅、採收的樂趣吧。

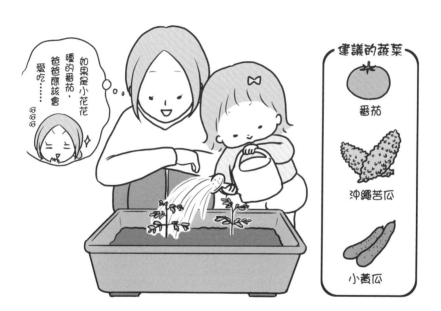

建議的蔬菜

番茄

沖繩苦瓜

小黃瓜

遊戲的用意・成長的能力

- 觀察蔬菜是怎麼生長的，可以學習植物不可思議的特性。
- 感受到用心栽種的東西生長後變得可以吃的喜悅。

重點

選擇容易栽種、可以大量採收的蔬菜。澆水過多的話有時根部會腐爛，所以即使孩子很想澆水，也要經過大人確認之後控管澆水量。

學動物跳躍

>>> 【培育身體】

玩法 變身成兔子或青蛙等動物，向前跳或是向上跳！貓咪或袋鼠等各種動物的跳法，都試著挑戰看看吧。

接下來是這個！

你可以示範嗎？

花式彌沐 3圈半跳

兔子

往上跳！

青蛙

往前跳！

發育的跡象

透過想像
活動身體

遊戲的用意·成長的能力

- 保持手往上舉高，雙腳一起往上跳，蹲下之後雙手著地往旁邊跳等等，一邊控制身體一邊想出各種不同的跳躍方式。

重點

孩子跳到忘我時，有時用力過度會跌倒。請在寬敞又安全的地方玩這個遊戲。

紙箱電車

▶▶▶【培育心靈】【道具】

玩法 把紙箱的上下裁切掉，做成四角形的筒狀。在側面畫上車窗等等，為了便於抓住紙箱，切割出可以把手放進去的孔洞就完成了。

遊戲的用意・成長的能力

- 玩搭乘交通工具的模擬遊戲。
- 藉由改變角色，培養孩子想像情境的能力。

重點

男孩最喜歡玩交通工具遊戲。也別忘了和孩子聊聊「時速幾公里呢？」、「這一站是什麼車站？」之類的話。當成小客車或公務車也可以玩得很開心。

單腳跳、跳，咻～

玩法 使用呼啦圈或繩子，做出直徑30～40㎝的圈圈。把圈圈排在地板上，從一個圈圈跳到另一個，玩起跳房子遊戲。

…發育的跡象…

使用單腳跳躍

遊戲的用意・成長的能力

• 能夠只用單腳跳幾次就跳完。
• 能夠有節奏地移動身體。

重點

剛開始由大人示範給孩子看。用緞帶或膠帶等素材圍成圈圈也OK。不過，請設法讓圈圈不容易絆住孩子的腳。

用彩色水開果汁店

▶▶▶【培育心靈】【道具】

玩法 利用有顏色的水，開一家果汁店。玩的時候把有顏色的水從寶特瓶倒進杯子裡，或是更換容器。

作法

1
把水裝入寶特瓶中，加入食用色素1小匙（使用附的小湯匙）。

2
使用不同顏色的食用色素，準備各式各樣有顏色的水。

遊戲的用意・成長的能力

• 把有顏色的水當成果汁，玩扮家家酒遊戲。
• 發現水會變色的奇特現象。
• 熟練地把果汁倒進杯子裡。

重點

食用色素即使吃進嘴裡也可以放心，但是如果沒有食用色素，用畫圖顏料等也OK。這種情況下，請小心使用。有時候水會溢出來，所以請布置一個不怕弄髒的環境。

167

吊單槓

>>>【培育身體】【戶外遊戲】【道具】

玩法 在有兒童用低單槓的公園裡玩吊單槓。雙手抓著單槓把身體往後仰，或是雙手雙腳都纏在單槓上等等。改用大人的手臂替代單槓，吊在手臂上也OK。

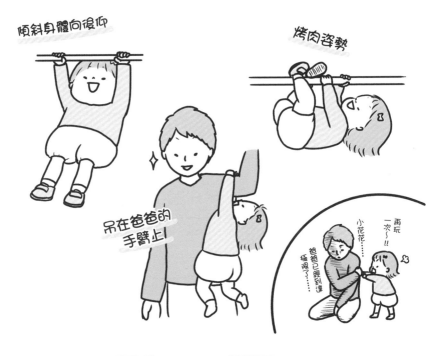

傾斜身體向後仰

烤肉姿勢

吊在爸爸的手臂上

再玩一次～!!

小花花……

爸爸已經到達極限了……

遊戲的用意・成長的能力

- 除了臂力，也是鍛鍊腹肌和腳力等全身的運動。
- 培養一邊支撐自己的身體，一邊保持平衡的能力。

重點

孩子吊著單槓時，在頭的後方對他說話，他就會把背部向後仰，想看看後方。說不定可以看見顛倒的景色而有新發現。

舉高高，扔出去

》》》【培育身體】【道具】

玩法　準備一個稍大的箱子或塑膠泳池，在隔著一點距離的地方，讓孩子拿著球，高舉過頭扔進裡面。

發育的跡象

可以從頭上扔球

不知不覺間……

跑進去了！

嘻　嘻

遊戲的用意・成長的能力

- 在這之前玩過滾球的遊戲，而到了這個時期，肩胛骨的可動範圍變大，能夠把手臂舉高，從頭頂扔出球。

重點

用揉成一團的報紙取代球也OK。如果使用報紙，因為重量輕，所以靠近一點比較容易扔進去。

螞蟻先生，你好

▶▶▶【培育心靈】【戶外遊戲】

玩法　若說到在戶外時身旁可以接觸到的昆蟲，就是螞蟻了。如果孩子注意到忙碌工作的螞蟻，就撒一點食物，觀察螞蟻搬運食物的樣子。如果有螞蟻窩觀察箱，在家裡就能夠觀察螞蟻築窩的樣子。

注意到1隻螞蟻

撒點飯粒

養螞蟻

遊戲的用意・成長的能力

- 增加接觸自然、觀察生物動態和特性的能力。
- 藉由觀察螞蟻，可以培養好奇心。

重點

喜歡昆蟲的孩子，終究是男生多於女生。如果孩子感興趣的話，請大人盡可能滿足他的好奇心。

小媽媽

▶▶▶ 【培育心靈】【道具】

玩法　在模擬遊戲中，孩子最喜歡模仿媽媽。如果有玩偶和玩具餐具，就可以開始玩認真照顧的遊戲。

遊戲的用意‧成長的能力

- 讓孩子玩重現生活情境的遊戲，進入那個世界裡。
- 「睡覺覺喲」、「好，啊—張開嘴巴」等等，一邊像媽媽一樣地說話一邊玩。

重點

把玩偶當作寶寶來照顧，是女孩一定會玩的遊戲。男孩則很熱中於用英雄人物的玩偶等玩戰鬥遊戲。

還有還有！

 歲的遊戲

石頭彩繪

▶▶▶【自己完成的事情變多的時期】

玩法

從路上或河邊撿拾手掌大小的石頭，在上面以蠟筆、奇異筆或畫圖顏料來描繪圖案。畫上臉孔、花紋、像石頭形狀的動物等等，什麼都OK。

重點

畫好的石頭，不論是擺在玄關作為裝飾，或是當作紙鎮使用都很賞心悅目。除了附近的公園和道路，如果使用在旅行景點撿拾的石頭來繪圖，也會成為美好的回憶。

那是什麼？

誰也不知道喔！

↑ 培根

↖ 火腿

踩得到影子嗎？

▶▶▶【會走走跳跳的時期】

【玩法】自己投射在地面的影子，要避免被當鬼的玩伴踩到。可以逃跑，或是走進暗處隱藏自己的影子等等。
【重點】孩子不願意走路等時候，可以對他說「踩著媽媽的影子跟過來喲」、「踩到小〇〇的影子啦」之類的話，試著邀他玩遊戲也是一種方法。說不定會受到引誘就跟著走了!?

猜拳咕嘰咕嘰

▶▶▶【會走走跳跳的時期】

【玩法】與孩子猜拳，贏的人可以對輸的人搔癢。如果孩子不願意被搔癢，就立刻停手。
【重點】對於孩子來說，比出剪刀的手勢很難，有的孩子一直都做不到。請抓著孩子的手教他：「把這裡和這裡的手指彎起來。」

什麼時候很開心呢？

▶▶▶【自己完成的事情變多的時期】

【玩法】可以在泡澡或躺在棉被裡的時候，說些像是「在公園做的小山，做得很好啊」、「一起吃的布丁好好吃啊」之類的話，回顧覺得開心的事，和孩子聊天。

【重點】一邊以愉快的語氣描述孩子做過的事情或是說過的話，一邊尋找孩子覺得快樂的事。不僅是當天發生的事，也可以回顧以前特別開心的一天，說給孩子聽。

光滑的泥土丸子

▶▶▶【自己完成的事情變多的時期】

【玩法】把水澆在公園的泥土上，然後收集泥土做成丸子。接著分次撒上稍微沾濕的沙子，一邊將丸子的表面搓圓，變得很光滑。

【重點】孩子非常喜歡玩泥巴遊戲。把表面弄得光滑發亮的訣竅在於，像要擠出土裡的水分一樣緊緊地捏圓，使丸子變硬。然後在最後潤飾時，輕柔地搓磨好幾次。

在戶外喝茶的遊戲

▶▶▶【自己完成的事情變多的時期】

玩法

把茶裝進水壺裡，在庭院或是陽台享受喝茶時光。試著感受和風輕撫的聲音，或是從樹葉的縫隙間灑下的陽光，兩人愉快地喝茶。

重點

只是在戶外喝茶，就令人感覺像是特別的時光。一起吃個小點心也是很快樂的事。沒有時間去公園，或是想要轉換一下心情的時候，都可以這麼做。

監修　波多野名奈（Hatano nana）

千葉經濟大學短期大學部兒童學科副教授。
東京大學大學院教育學研究科　博士課程期滿退學。教育學碩士。
取得幼教師資格後，目前在以嬰幼兒為對象的東京都內托育機構工作。
著有《嬰幼兒保育指南（コンパス乳児保育）》（建帛社，合著）等書。

繪者　モチコ（Mochico）

每天吐槽女兒（2014.3生）和兒子（2017.2生）過日的關西人主婦。在社
群網站發表四格漫畫育兒日記。著有《育兒是這麼有趣的事啊！（育児って
こんなに笑えるんや！）》（PIA）。
部落格「傻瓜家族〜育兒四格漫畫圖畫日記〜」（かぞくばか〜子育て4コ
マ絵日記〜）
Instagram @mochicodiary

■日文版工作人員

設計	細山田光宣＋奧山志乃（細山田設計事務所）
編輯	後藤加奈（robita社）
遊戲方案合作	今井明代
原稿合作	兼子梨花
DTP	System-Tank
校對	聚珍社

玩出好情緒、集中力！
0～2歲的寶寶遊戲圖鑑

2019年11月20日初版第一刷發行
2024年10月15日初版第十三刷發行

監　　　修	波多野名奈	
繪　　　者	モチコ	
譯　　　者	安珀	
副　主　編	陳正芳	
發　行　人	若森稔雄	
發　行　所	台灣東販股份有限公司	
	＜地址＞台北市南京東路4段130號2F-1	
	＜電話＞(02)2577-8878	
	＜傳真＞(02)2577-8896	
	＜網址＞https://www.tohan.com.tw	
郵撥帳號	1405049-4	
法律顧問	蕭雄淋律師	
總　經　銷	聯合發行股份有限公司	
	＜電話＞(02)2917-8022	

KOKORO TO KARADA GA NOBINOBI
SODATSU
0-2 SAI JI NO ASOBI ZUKAN
Supervised by Nana HATANO
Illustration by mochico
Copyright © 2018 by K.K. Ikeda Shoten
First published in Japan in 2018 by
Ikeda Publishing, Co., Ltd.
Traditional Chinese translation rights arranged
with PHP Institute, Inc.

國家圖書館出版品預行編目資料

0～2歲的寶寶遊戲圖鑑：玩出好情緒、
　集中力！ / 波多野名奈監修；安珀譯.
　-- 初版. -- 臺北市：臺灣東販, 2019.11
　176面；14.8×18.5公分
　ISBN 978-986-511-166-3（平裝）

　1.育兒 2.親子遊戲

428.82　　　　　　　　　　108016594

TOHAN